GW00818543

MARK EGGERS

AVANT L'ÉVEIL

roman

Traduit de l'anglais
par
JEAN-NOËL SCHIFANO

À Pauline

Chapitre 1

Dans tous les cas, ce n'est pas moi. Ça n'est pas très grave. Je ne leur dis rien et les laisse faire ce qu'ils ont à faire.

Bien sûr, je veux en parler avec mon père.

Lui au moins a ce qu'il faut pour faire face au kidnapping. Ce n'est pas le cas de tout le monde. Quoi qu'il en soit, ce n'est pas à moi de leur dire d'aller dans un sens ou dans l'autre. Avec la porte fermée, le bruit cesse et je peux enfin dormir. Dans mon rêve, je suis dans un labyrinthe. Je sais qu'il n'y a pas de sortie. Alors je vais au hasard, pas à pas.

La seule chance de sortir d'ici est de faire le mur. Ou alors, de voler hors de ce piège.

Il me suffit de penser à une montgolfière pour qu'elle soit là (ça n'est qu'un rêve) et que je puisse partir.

Avec toi-même. Ben est avec son amie donc je pars chez moi un peu plus tôt. Il me dit qu'il doit aller dans ce bar de la rue York pour la fête de ce soir, et que je dois y aller avec lui.

Une fois chez moi, je sors l'aspirateur et fais le hall. Je ne veux pas être avec tous ces gens ce soir, et en plus, j'y suis déjà allé une ou deux fois. Je n'ai pas le choix ; j'ai déjà dit que j'irais là-bas. Avec ce qui s'est passé hier, je sais qu'ils ont tous le bombardement en tête.

Ça s'est passé loin de nous, et c'est loin d'être fini. Cela ne les gêne pas de tout voir sous cet angle, mais moi je ne peux pas. Alors je vais être ivre mort, et je sais que ça n'est pas bien. Au dîner, tous les plats du menu sont avec champignon.

Rien de bon pour moi ce soir. Ça ne va pas m'aider. En face de moi à la table, un ami de Ben a un carnet et fait un dessin.

Je ne peux pas voir de là où je suis.

Je vais à côté de lui pour voir. On dirait un dromadaire ; il est très mal fait donc je ne lui dis rien. Les gens venus pour la fête de Ben sont tous déjà amis, et je suis le plus âgé. Bref, ça n'est pas une super soirée. Je fais de mon mieux, mais il est clair que je ne suis pas à ma place ici. Je suis un extraterrestre pour eux.

Je n'ai qu'une hâte : que le repas soit fini pour que je rentre chez moi. Je sais, je suis là pour Ben, c'est mon ami.

Du bout de ma fourchette, je joue avec le chou que je n'aime pas. C'est juste que je ne me sens pas à l'aise.

Je ne sais pas ce qui est prévu pour après le dîner. Tant que ça se finit vite, ça me va. Je vois que l'ami de Ben (son nom est Marc) a posé son carnet. Il a fait un drôle de gribouillage. Lui non plus ne parle pas trop. Je ne sais pas où Ben l'a connu, ça n'est pas très clair. En tout cas, il a l'air un peu fou. Je note un son sourd au loin, un peu plus fort que le son des voix à côté de moi. Ça vient du toit et je pense à un hélicoptère, mais je ne vois pas ce qu'il fait ici, si loin de la ville.

Mais je ne peux pas. Eux non plus. Paul ne m'a rien dit à ce sujet. Cinq jours plus tard, il reçoit un appel d'un ami, avec qui il l'a vue dans un van à côté de chez elle, tard le soir. Son kidnapping a eu lieu il y a six jours.

Cet appel, cette drôle de voix, et je sais que ce n'est pas un de ses gags.

Je n'ai pas le choix, je dois payer, mais rien ne va assez vite.

C'est un labyrinthe où j'erre dans le noir. Et le pire, c'est que je suis seul en face de tout ça, car ses amis, sa mère et son père ne sont pas là. À côté de ça, Paul veut aller sur l'île pour voir où elle peut être. Il est sûr qu'elle est là-bas. Une fois sur l'île, il nous faut une montgolfière pour tout voir d'en haut. Je n'ai rien de mieux à faire, alors je le suis.

Mais il n'y rien. Le soir est là, et de nuit je ne peux rien faire. Sous un ciel sans lune, je suis la côte.

Je suis noctambule et je ne sais pas où je vais. Je ne vois rien non plus.

Sans but, je suis les rues et vois que je suis en face de chez moi. Il est tôt, mais je vais tout de suite au lit. Je dois être prêt pour les Jeux Olympiques. De nuit, sans le savoir, je dors sans fermer les yeux. C'est un ami, un jour, qui m'a dit ça. En plus de ça, il m'a dit que je parle dans mes rêves. Cette nuit-là, je ne rêve pas, et quand je me lève le jour d'après, je ne sais pas où je suis. Puis je vois le portemanteau dans le coin de la pièce, et je sais que je suis chez moi.

C'est le jour du test et il ne faut pas que je le rate. J'avoue que j'ai un peu le trac, bien que je sois prêt. En tout cas, c'est ce que je crois. Le questionnaire ne doit pas être trop dur.

Après ça, je vais chez l'un de mes amis, Ben, qui vit à côté du lycée. Il n'y a pas grand chose à faire chez lui, mais on parle de tout et de rien, on passe le temps. Le soir, il voit que son réfrigérateur est vide donc on sort pour un dîner en ville. Il y a un lieu sympa à côté de chez lui.

5

Car tu es là pour eux. Ce soir, je dois voir mon amie Anne. Cela fait plus d'un an qu'on ne s'est pas vu. Elle vit à Paris, et moi je suis dans le Sud. En plus de ça, on a peu de temps libre. Avant qu'elle ne soit là, je range un peu et passe l'aspirateur. Puis je vais à la gare.

Son train n'est pas là, et je vais dans un café à côté pour tuer le temps. Sur la table à côté de moi, il y a un livre dont le titre parle du bombardement qui a eu lieu à Alger cet été. Je vois une fille en train de se servir au bar.

Son amie porte une robe bleue et d'un coup d'oeil furtif, je note qu'elle fixe le mur en face d'elle.

Un vieux poster avec un gros champignon au centre.

Le poster est en noir et blanc. La scène se passe dans un désert, un océan de sable brun avec une oasis que l'on peut voir au loin. Il n'y a pas âme qui vive dans ce désert, à part un dromadaire qui est figé près d'un point d'eau. Le texte sur le poster est en arabe, je ne peux pas le lire. Sur l'autre mur se trouve une autre image, cette fois une scène dans le futur.

Le ciel n'est pas comme le nôtre, il est violet, avec trois lunes. Un extraterrestre est assis sur le sol.

Il est de dos, mais je peux voir ses grands yeux noirs de profil. Ce dessin n'est pas à mon goût.

On dirait un de ces posters pas chers pour fans de Star Wars, ou ce type de film. Un client lâche sa fourchette, elle tinte sur la table en face de moi. Je vais au bar pour payer. Si son train est à l'heure, Anne sera là dans peu de temps et je dois aller à la gare. Le thé que j'ai pris est hors de prix ; la note que je reçois a un gribouillage dans le coin. Je paie et je pars sans tarder. Dans la gare, tout le monde est pressé. Je fends la foule pour aller sur le bon quai.

Le toit de la gare n'est pas fermé et je peux voir un hélicoptère passer au-dessus de moi. Il va vers la côte et vole assez bas.

Ça te fait un peu mal. La fin est là, et je suis le seul à le savoir. Ça n'est pas très grave. Je ne leur dis rien et les laisse faire car je n'y peux rien. Bien sûr, je veux en parler avec mon père. Lui au moins a ce qu'il faut pour faire face au kidnapping. Ce n'est pas le cas de tout le monde. Quoi qu'il en soit, ce n'est pas à moi de leur dire d'aller dans un sens ou dans l'autre.

Avec la porte fermée, le bruit cesse et je peux enfin dormir. Dans mon rêve, je suis dans un labyrinthe.

Je sais qu'il n'y a pas de sortie. Alors je vais au hasard, pas à pas. La seule chance de sortir d'ici est de faire le mur.

Ou alors, de voler hors de ce piège. C'est un rêve, donc il me suffit de penser à une montgolfière pour qu'elle soit là et que je puisse partir. Je vole très haut, dans les nuages, mais le son de la ville est là, comme si j'étais en bas. Le rêve change, et cette fois je suis chez moi, à côté de mon lit. Je rêve, mais mes yeux ne sont pas fermés, tel un noctambule. Je me vois rêver dans mon rêve. C'est idiot et ça me fait un peu peur en même temps.

Il y a un écran devant moi, sur lequel une ombre court en rond sur une piste rouge. On dirait les Jeux Olympiques de Berlin en 1936. La course n'en finit pas, puis l'image s'en va.

Après ça, l'écran montre une série de photos en noir et blanc. Je les ai toutes déjà vues, je ne sais plus quand et où. Sur une photo, un portemanteau vide est le seul objet que l'on peut voir dans la pièce. Puis il y a une chaise, avec une table basse à côté.

Il y a un papier sur la table, avec un seul mot d'écrit en gros. Tout le reste a été laissé blanc. Le mot est Questionnaire. Sur la photo d'après, c'est moi que je vois. Je suis en bas, dans le salon, assis par terre.

Il n'y a pas un bruit dans la pièce, tout le monde est parti. Il ne reste plus moi. Je me lève et vais vers le réfrigérateur.

Bien sûr, il est vide et il est trop tard pour sortir.

Cela te gène. Ben est avec son amie donc je vais chez moi. Il me dit qu'il doit aller dans ce bar de la rue York ce soir.

Je dois y aller avec lui. Ça n'est pas bon signe. Une fois chez moi, je sors l'aspirateur et fais le hall.

Je ne veux pas être avec tous ces gens ce soir, et en plus, j'y suis déjà allé une ou deux fois. Je n'ai pas le choix ; j'ai déjà dit que j'irais là-bas. Avec ce qui s'est passé hier, je sais qu'ils ont tous le bombardement en tête. Ça s'est passé loin de nous, et c'est loin d'être fini. Cela ne les gêne pas de tout voir sous cet angle, mais moi je ne peux pas. Alors je vais être ivre mort, même si je sais que ça n'est pas bien. Je me lève et me rends au dîner. Bien sûr, tous les plats du menu sont avec champignon.

Rien de bon pour moi ce soir. Ça ne va pas m'aider. En face de moi à la table, un ami de Ben a un carnet et fait un dessin que je ne peux pas voir de là où je suis.

Je vais à côté de lui pour voir. On dirait un dromadaire ; il est très mal fait donc je ne lui dis rien. Les gens venus pour la fête de Ben sont tous déjà amis, et je suis le plus âgé. Bref, ça n'est pas une super soirée. Je fais de mon mieux, mais il est clair que je suis un extraterrestre pour eux.

Je n'ai qu'une hâte : que le repas soit fini pour que je rentre chez moi. Je sais, je suis là pour Ben, c'est mon ami. C'est juste que je ne me sens pas à l'aise. Mon plat est servi, ça n'est pas trop tôt. Du bout de ma fourchette, je joue avec mon chou.

Je ne suis pas à ma place ici. Je ne sais pas ce qui est prévu pour après le dîner. Tant que ça se finit vite, ça me va.

Je vois que l'ami de Ben a posé son carnet.

Il a fait un drôle de gribouillage. Lui non plus ne parle pas trop. Je ne sais pas où Ben l'a connu, ça n'est pas très clair. En tout cas, il a l'air un peu fou. Je note un son sourd au loin, un peu plus fort que le son des voix à côté de moi. Ça vient du toit et je pense à un hélicoptère, mais je ne vois pas ce qu'il fait ici, si loin de la ville.

Moi, je hais ces gens. Je ne sais pas où elle est. Paul ne m'a rien dit à ce sujet. Cinq jours plus tard, je reçois un appel. Cela m'aide un peu : un ami l'a vue dans un van à côté de chez elle, tard le soir. Son kidnapping a eu lieu il y a six jours. Cet appel, cette drôle de voix, et je sais que ce n'est pas un de ses gags. Je n'ai pas le choix, je dois payer, mais rien ne va assez vite. Le pire, c'est que je suis seul en face de tout ça, car ses amis ne sont pas là. C'est un labyrinthe où j'erre dans le noir.

À côté de ça, Paul veut aller sur l'île pour voir où elle peut être. Il est sûr qu'elle est là-bas. Je n'ai rien de mieux à faire, alors je le suis.

Une fois sur l'île, il nous faut une montgolfière pour tout voir d'en haut. Mais il n'y rien. Le soir est là, et de nuit je ne peux rien faire. Sous un ciel sans lune, je suis la côte. Sans but, je suis les rues et vois que je suis en face de chez moi. Je suis noctambule et je ne sais pas où je vais.

Je ne vois rien non plus. De nuit, sans le savoir, je dors sans fermer les yeux. En plus de ça, un ami m'a dit que je parle dans mes rêves. Il est tôt, mais je vais tout de suite au lit. Je dois être prêt pour les Jeux Olympiques.

Cette nuit-là, je ne rêve pas, et quand je me lève le jour d'après, je ne sais pas où je suis.

Je vois mon lit, ma veste sur le sol, la table à côté de moi.

Puis je vois le portemanteau dans le coin de la pièce, et je sais que je suis chez moi. C'est le jour du test et il ne faut pas que je le rate. J'avoue que j'ai un peu le trac, bien que je sois prêt. En tout cas, c'est ce que je crois. Le test ne doit pas être trop dur. Après le questionnaire, je vais chez l'un de mes amis, Ben, qui vit à côté du lycée.

Il n'y a pas grand chose à faire chez lui, mais on parle de tout et de rien, on passe le temps.

Le soir, il voit que son réfrigérateur est vide donc on sort pour un dîner en ville. Il y a un lieu sympa à côté de chez lui.

Donc je suis bien réel. Ce soir, je dois voir Anne. Cela fait un an qu'on ne s'est pas vu. Elle vit à Paris, et moi dans le Sud.

En plus de ça, on a peu de temps libre. Avant qu'elle ne soit là, je range un peu et passe l'aspirateur. Puis je vais à la gare. Son train n'est pas là, et je vais dans un café à côté pour tuer le temps. Je vois une fille en train de se servir au bar. Sur la table à côté d'elle, il y a un livre dont le titre parle du bombardement qui a eu lieu à Alger cet été. Son amie porte une robe bleue et d'un coup d'oeil furtif, je note qu'elle fixe le mur en face d'elle.

Un vieux poster en noir et blanc, avec au centre un gros champignon. La scène se passe dans un désert, un océan de sable brun avec une oasis que l'on peut voir au loin.

Le texte sur le poster est en arabe, je ne peux pas le lire. Il n'y a pas âme qui vive dans ce désert, à part, figé près d'un point d'eau, un dromadaire. Sur l'autre mur se trouve une autre image, cette fois une scène dans le futur. Le ciel n'est pas comme le nôtre, il est violet, avec trois lunes.

On dirait un de ces posters pas chers pour fans de Star Wars, ou ce type de film. Un extraterrestre est assis sur le sol. Il est de dos, mais je peux voir ses grands yeux noirs de profil. Ce dessin n'est pas à mon goût.

Je vais au bar pour payer. À la table en face de moi, un client lâche sa fourchette, qui tinte sur la table.

Si son train est à l'heure, Anne sera là dans peu de temps.

Je paie et je pars sans tarder. Le thé que j'ai pris est hors de prix ; la note que j'ai reçue et que j'ai mise dans ma poche a un gribouillage dans le coin. Dans la gare, tout le monde est pressé. Je fends la foule pour aller sur le bon quai, je ne veux pas être en retard. Au final, je suis trop en avance et le quai est vide.

Je peux voir un hélicoptère passer au-dessus de moi, car le toit de la gare n'est pas fermé. Il va vers la côte.

J'ai très soif. La fin est là ; je suis le seul à savoir tout ça. Ça n'est pas très grave. Je ne leur dis rien, et je les laisse donc faire ce qu'ils ont à faire. Bien sûr, je veux en parler avec mon père, il a ce qu'il faut pour faire face au kidnapping.

Ce n'est pas le cas de tout le monde. Quoi qu'il en soit, ce n'est pas à moi de leur dire d'y aller ou pas.

Avec la porte fermée, le bruit cesse et je peux enfin dormir.

Dans mon rêve, je suis dans un labyrinthe. Je sais qu'il n'y a pas de sortie. Alors je vais au hasard, pas à pas. La seule chance de sortir d'ici est de faire le mur. Ou alors, de voler hors de ce piège. C'est un rêve, donc il me suffit de penser à une montgolfière pour qu'elle soit là et que je puisse partir. Je vole très haut, dans les nuages.

Chapitre 2

Elle a un ami. Ben est avec son amie donc je vais chez moi.

Il me dit qu'il doit aller dans ce bar de la rue York pour la fête de ce soir, et que je dois y aller avec lui. Une fois chez moi, je sors l'aspirateur et fais le hall. Je ne veux pas être avec tous ces gens ce soir, et en plus, j'y suis déjà allé une ou deux fois. Je n'ai pas le choix ; j'ai déjà dit que j'irais là-bas. Je ne peux pas ne pas y aller.

Le bombardement s'est passé loin de nous, et c'est loin d'être fini. Cela ne les gêne pas de tout voir sous cet angle.

Alors je vais être ivre mort, même si je sais que ça n'est pas bien. Au dîner, rien de bon pour moi ce soir.

Tous les plats du menu sont avec champignon. Ça ne va pas m'aider. En face de moi à la table, un ami de Ben a un carnet et fait un dessin. Je ne peux pas voir de là où je suis. Je vais à côté de lui pour voir. Il est très mal fait donc je ne lui dis rien, mais on dirait un dromadaire. Les gens venus pour la fête de Ben sont tous déjà amis, et je suis le plus âgé. Bref, ça n'est pas une super soirée. Je fais de mon mieux, mais il est clair que je ne suis pas à ma place ici.

Elle a le mien. La fin est là, et je suis le seul à le savoir. Je ne leur dis rien et les laisse faire ce qu'ils ont à faire avec elle.

Bien sûr, je veux en parler avec mon père.

Lui au moins a ce qu'il faut pour faire face au kidnapping. Ce n'est pas le cas de tout le monde. Quoi qu'il en soit, ce n'est pas à moi de leur dire d'aller dans un sens ou dans l'autre. Avec la porte fermée, le bruit cesse et je peux enfin dormir. Dans mon rêve, je suis dans un labyrinthe. Je sais qu'il n'y a pas de sortie. Alors je vais au hasard, pas à pas.

La seule chance de sortir d'ici est de faire le mur. Ou alors, de voler hors de ce piège.

Il me suffit de penser à une montgolfière pour qu'elle soit là (ça n'est qu'un rêve) et que je puisse partir.

Je vole très haut, dans les nuages, mais le son de la ville est là, comme si j'étais en bas. Le rêve change, et cette fois je suis chez moi, à côté de mon lit. Tel un noctambule, je rêve, mais mes yeux ne sont pas fermés. Je me vois rêver dans mon rêve. C'est idiot et ça me fait un peu peur en même temps. Il y a un écran devant moi, sur lequel une ombre court en rond sur une piste rouge. On dirait les Jeux Olympiques de Berlin en 1936. La course n'en finit pas, puis l'image s'en va.

Après ça, l'écran montre une série de photos en noir et blanc. Je les ai toutes déjà vues, je ne sais plus quand et où. Sur une photo, un portemanteau est le seul objet dans la pièce.

Puis, sur la photo d'après, il y a une chaise, avec une table basse à côté. Il y a un papier sur la table, avec un seul mot écrit en gros. Tout le reste a été laissé blanc. Le mot est : questionnaire. Sur la photo d'après, c'est moi que je vois. Je suis en bas, dans le salon, assis par terre.

Il n'y a pas un bruit dans la pièce, tout le monde est parti. Il ne reste plus moi, je suis enfin seul. Je me lève et vais vers le réfrigérateur. Bien sûr, il est vide et il est trop tard pour sortir. Ce n'est pas mon jour de chance.

Dans un mois ou deux. Ben est avec son amie donc je pars chez moi un peu plus tôt. Il me dit qu'il doit aller dans ce bar de la rue York pour la fête de ce soir, et que je dois y aller.

Une fois chez moi, je sors l'aspirateur et fais le hall. Je ne veux pas être avec tous ces gens ce soir, et en plus, j'y suis déjà allé une ou deux fois. Je n'ai pas le choix ; j'ai déjà dit que j'irais là-bas. Avec ce qui s'est passé hier, je sais qu'ils ont tous le bombardement en tête.

Ça s'est passé loin de nous, et c'est loin d'être fini. Cela ne les gêne pas de tout voir sous cet angle, mais moi je ne peux pas. Alors je vais être ivre mort, et je sais que ça n'est pas bien. Au dîner, tous les plats du menu sont avec champignon.

Rien de bon pour moi ce soir. Ça ne va pas m'aider. En face de moi à la table, un ami de Ben a un carnet et fait un dessin.

Je ne peux pas voir de là où je suis.

Je vais à côté de lui pour voir. On dirait un dromadaire ; il est très mal fait donc je ne lui dis rien. Les gens venus pour la fête de Ben sont tous déjà amis, et je suis le plus âgé. Bref, ça n'est pas une super soirée. Je fais de mon mieux, mais il est clair que je ne suis pas à ma place ici. Je suis un extraterrestre pour eux.

Je n'ai qu'une hâte : que le repas soit fini pour que je rentre chez moi. Je sais, je suis là pour Ben, c'est mon ami.

Du bout de ma fourchette, je joue avec le chou que je n'aime pas. C'est juste que je ne me sens pas à l'aise.

Je ne sais pas ce qui est prévu pour après le dîner. Tant que ça se finit vite, ça me va. Je vois que l'ami de Ben (son nom est Marc) a posé son carnet. Il a fait un drôle de gribouillage. Lui non plus ne parle pas trop. Je ne sais pas où Ben l'a connu, ça n'est pas très clair. En tout cas, il a l'air un peu fou. Je note un son sourd au loin, un peu plus fort que le son des voix à côté de moi. Ça vient du toit et je pense à un hélicoptère, mais je ne vois pas ce qu'il fait ici, si loin de la ville.

Il a déjà peur. Moi aussi. Paul ne m'a rien dit à ce sujet. Cinq jours plus tard, je reçois un appel d'un ami, qui l'a vue dans un van à côté de chez elle, tard le soir. Ce qui veut dire que son kidnapping a eu lieu il y a six jours.

Cet appel, cette drôle de voix, et je sais que ce n'est pas un de ses gags.

Je n'ai pas le choix, je dois payer, mais rien ne va assez vite.

C'est un labyrinthe où j'erre dans le noir. Et le pire, c'est que je suis seul en face de tout ça, car ses amis, sa mère et son père ne sont pas là. À côté de ça, Paul veut aller sur l'île pour voir où elle peut être. Il est sûr qu'elle est là-bas. Une fois sur l'île, il nous faut une montgolfière pour tout voir d'en haut. Je n'ai rien de mieux à faire, alors je le suis.

Mais il n'y rien. Le soir est là, et de nuit je ne peux rien faire. Sous un ciel sans lune, je suis la côte.

Je suis noctambule et je ne sais pas où je vais. Je ne vois rien non plus.

Sans but, je suis les rues et vois que je suis en face de chez moi. Il est tôt, mais je vais tout de suite au lit. Je dois être prêt pour les Jeux Olympiques. De nuit, sans le savoir, je dors sans fermer les yeux. C'est un ami, un jour, qui m'a dit ça. En plus de ça, il m'a dit que je parle dans mes rêves. Cette nuit-là, je ne rêve pas, et quand je me lève le jour d'après, je ne sais pas où je suis. Puis je vois le portemanteau dans le coin de la pièce, et je sais que je suis chez moi.

C'est le jour du test et il ne faut pas que je le rate. J'avoue que j'ai un peu le trac, bien que je sois prêt. En tout cas, c'est ce que je crois. Le questionnaire ne doit pas être trop dur.

Après ça, je vais chez l'un de mes amis, Ben, qui vit à côté du lycée. Il n'y a pas grand chose à faire chez lui, mais on parle de tout et de rien, on passe le temps. Le soir, il voit que son réfrigérateur est vide donc on sort pour un dîner en ville. Il y a un lieu sympa à côté de chez lui.

15

Mon ami est là. Ce soir, je dois voir mon amie Anne. Cela fait plus d'un an qu'on ne s'est pas vu. Elle vit à Paris, et moi je suis dans le Sud. En plus de ça, on a peu de temps libre. Avant qu'elle ne soit là, je range un peu et passe l'aspirateur. Puis je vais à la gare.

Son train n'est pas là, et je vais dans un café à côté pour tuer le temps. Sur la table à côté de moi, il y a un livre dont le titre parle du bombardement qui a eu lieu à Alger cet été. Je vois une fille en train de se servir au bar.

Son amie porte une robe bleue et d'un coup d'oeil furtif, je note qu'elle fixe le mur en face d'elle.

Un vieux poster avec un gros champignon au centre.

Le poster est en noir et blanc. La scène se passe dans un désert, un océan de sable brun avec une oasis que l'on peut voir au loin. Il n'y a pas âme qui vive dans ce désert, à part un dromadaire qui est figé près d'un point d'eau. Le texte sur le poster est en arabe, je ne peux pas le lire. Sur l'autre mur se trouve une autre image, cette fois une scène dans le futur.

Le ciel n'est pas comme le nôtre, il est violet, avec trois lunes. Un extraterrestre est assis sur le sol.

Il est de dos, mais je peux voir ses grands yeux noirs de profil. Ce dessin n'est pas à mon goût.

On dirait un de ces posters pas chers pour fans de Star Wars, ou ce type de film. Un client lâche sa fourchette, elle tinte sur la table en face de moi. Je vais au bar pour payer. Si son train est à l'heure, Anne sera là dans peu de temps et je dois aller à la gare. Le thé que j'ai pris est hors de prix ; la note que je reçois a un gribouillage dans le coin. Je paie et je pars sans tarder. Dans la gare, tout le monde est pressé. Je fends la foule pour aller sur le bon quai.

Le toit de la gare n'est pas fermé et je peux voir un hélicoptère passer au-dessus de moi. Il va vers la côte et vole assez bas.

Il a faim. La fin est là, et je suis le seul à le savoir. Ça n'est pas très grave. Je ne leur dis rien du tout. Après tout, c'est mon idée. Bien sûr, je veux en parler avec mon père. Lui au moins a ce qu'il faut pour faire face au kidnapping. Ce n'est pas le cas de tout le monde. Quoi qu'il en soit, ce n'est pas à moi de leur dire d'aller dans un sens ou dans l'autre.

Avec la porte fermée, le bruit cesse et je peux enfin dormir. Dans mon rêve, je suis dans un labyrinthe.

Je sais qu'il n'y a pas de sortie. Alors je vais au hasard, pas à pas. La seule chance de sortir d'ici est de faire le mur.

Ou alors, de voler hors de ce piège. C'est un rêve, donc il me suffit de penser à une montgolfière pour qu'elle soit là et que je puisse partir. Je vole très haut, dans les nuages, mais le son de la ville est là, comme si j'étais en bas. Le rêve change, et cette fois je suis chez moi, à côté de mon lit. Je rêve, mais mes yeux ne sont pas fermés, tel un noctambule. Je me vois rêver dans mon rêve. C'est idiot et ça me fait un peu peur en même temps.

Il y a un écran devant moi, sur lequel une ombre court en rond sur une piste rouge. On dirait les Jeux Olympiques de Berlin en 1936. La course n'en finit pas, puis l'image s'en va.

Après ça, l'écran montre une série de photos en noir et blanc. Je les ai toutes déjà vues, je ne sais plus quand et où. Sur une photo, un portemanteau vide est le seul objet que l'on peut voir dans la pièce. Puis il y a une chaise, avec une table basse à côté.

Il y a un papier sur la table, avec un seul mot d'écrit en gros. Tout le reste a été laissé blanc. Le mot est Questionnaire. Sur la photo d'après, c'est moi que je vois. Je suis en bas, dans le salon, assis par terre.

Il n'y a pas un bruit dans la pièce, tout le monde est parti. Il ne reste plus moi. Je me lève et vais vers le réfrigérateur.

Bien sûr, il est vide et il est trop tard pour sortir.

Mais à quel prix ? Ben est avec son amie donc je vais chez moi. Il me dit qu'il doit aller dans ce bar de la rue York ce soir.

Je dois y aller avec lui. Ça n'est pas bon signe. Une fois chez moi, je sors l'aspirateur et fais le hall.

Je ne veux pas être avec tous ces gens ce soir, et en plus, j'y suis déjà allé une ou deux fois. Je n'ai pas le choix ; j'ai déjà dit que j'irais là-bas. Avec ce qui s'est passé hier, je sais qu'ils ont tous le bombardement en tête. Ça s'est passé loin de nous, et c'est loin d'être fini. Cela ne les gêne pas de tout voir sous cet angle, mais moi je ne peux pas. Alors je vais être ivre mort, même si je sais que ça n'est pas bien. Je me lève et me rends au dîner. Bien sûr, tous les plats du menu sont avec champignon.

Rien de bon pour moi ce soir. Ça ne va pas m'aider. En face de moi à la table, un ami de Ben a un carnet et fait un dessin que je ne peux pas voir de là où je suis.

Je vais à côté de lui pour voir. On dirait un dromadaire ; il est très mal fait donc je ne lui dis rien. Les gens venus pour la fête de Ben sont tous déjà amis, et je suis le plus âgé. Bref, ça n'est pas une super soirée. Je fais de mon mieux, mais il est clair que je suis un extraterrestre pour eux.

Je n'ai qu'une hâte : que le repas soit fini pour que je rentre chez moi. Je sais, je suis là pour Ben, c'est mon ami. C'est juste que je ne me sens pas à l'aise. Mon plat est servi, ça n'est pas trop tôt. Du bout de ma fourchette, je joue avec mon chou.

Je ne suis pas à ma place ici. Je ne sais pas ce qui est prévu pour après le dîner. Tant que ça se finit vite, ça me va.

Je vois que l'ami de Ben a posé son carnet.

Il a fait un drôle de gribouillage. Lui non plus ne parle pas trop. Je ne sais pas où Ben l'a connu, ça n'est pas très clair. En tout cas, il a l'air un peu fou. Je note un son sourd au loin, un peu plus fort que le son des voix à côté de moi. Ça vient du toit et je pense à un hélicoptère, mais je ne vois pas ce qu'il fait ici, si loin de la ville.

J'ai haï ce lieu. Je ne sais pas où elle est. Eux non plus. Paul ne m'a rien dit à ce sujet. Cinq jours après, je reçois un appel mais ça ne m'aide pas. Un ami me dit qu'il l'a vue dans un van à côté de chez elle, tard le soir. Son kidnapping a eu lieu il y a six jours. Cet appel, cette drôle de voix, et je sais que ce n'est pas un de ses gags. Je n'ai pas le choix, je dois payer, mais rien ne va assez vite. Je suis seul en face de tout ça, car ses amis ne sont pas là. C'est un labyrinthe où j'erre dans le noir.

À côté de ça, Paul veut aller sur l'île pour voir où elle peut être. Il est sûr qu'elle est là-bas. Je n'ai rien de mieux à faire, alors je le suis.

Une fois sur l'île, il nous faut une montgolfière pour tout voir d'en haut. Mais il n'y rien. Le soir est là, et de nuit je ne peux rien faire. Sous un ciel sans lune, je suis la côte. Sans but, je suis les rues et vois que je suis en face de chez moi. Je suis noctambule et je ne sais pas où je vais.

Je ne vois rien non plus. De nuit, sans le savoir, je dors sans fermer les yeux. En plus de ça, un ami m'a dit que je parle dans mes rêves. Il est tôt, mais je vais tout de suite au lit. Je dois être prêt pour les Jeux Olympiques.

Cette nuit-là, je ne rêve pas, et quand je me lève le jour d'après, je ne sais pas où je suis.

Je vois mon lit, ma veste sur le sol, la table à côté de moi.

Puis je vois le portemanteau dans le coin de la pièce, et je sais que je suis chez moi. C'est le jour du test et il ne faut pas que je le rate. J'avoue que j'ai un peu le trac, bien que je sois prêt. En tout cas, c'est ce que je crois. Le test ne doit pas être trop dur. Après le questionnaire, je vais chez l'un de mes amis, Ben, qui vit à côté du lycée.

Il n'y a pas grand chose à faire chez lui, mais on parle de tout et de rien, on passe le temps.

Le soir, il voit que son réfrigérateur est vide donc on sort pour un dîner en ville. Il y a un lieu sympa à côté de chez lui.

Elle a soif. Ce soir, je dois voir mon amie Anne. Cela fait un an qu'on ne s'est pas vu. Elle vit à Paris, et moi dans le Sud.

En plus de ça, on a peu de temps libre. Avant qu'elle ne soit là, je range un peu et passe l'aspirateur. Puis je vais à la gare. Son train n'est pas là, et je vais dans un café à côté pour tuer le temps. Je vois une fille en train de se servir au bar. Sur la table à côté d'elle, il y a un livre dont le titre parle du bombardement qui a eu lieu à Alger cet été. Son amie porte une robe bleue et d'un coup d'oeil furtif, je note qu'elle fixe le mur en face d'elle.

Un vieux poster en noir et blanc, avec au centre un gros champignon. La scène se passe dans un désert, un océan de sable brun avec une oasis que l'on peut voir au loin.

Le texte sur le poster est en arabe, je ne peux pas le lire. Il n'y a pas âme qui vive dans ce désert, à part, figé près d'un point d'eau, un dromadaire. Sur l'autre mur se trouve une autre image, cette fois une scène dans le futur. Le ciel n'est pas comme le nôtre, il est violet, avec trois lunes.

On dirait un de ces posters pas chers pour fans de Star Wars, ou ce type de film. Un extraterrestre est assis sur le sol. Il est de dos, mais je peux voir ses grands yeux noirs de profil. Ce dessin n'est pas à mon goût.

Je vais au bar pour payer. À la table en face de moi, un client lâche sa fourchette, qui tinte sur la table.

Si son train est à l'heure, Anne sera là dans peu de temps.

Je paie et je pars sans tarder. Le thé que j'ai pris est hors de prix ; la note que j'ai reçue et que j'ai mise dans ma poche a un gribouillage dans le coin. Dans la gare, tout le monde est pressé. Je fends la foule pour aller sur le bon quai, je ne veux pas être en retard. Au final, je suis trop en avance et le quai est vide.

Je peux voir un hélicoptère passer au-dessus de moi, car le toit de la gare n'est pas fermé. Il va vers la côte.

Il voit tout. La fin est là, et je suis le seul à savoir tout ça. Ça n'est pas grave. Je ne leur dis rien et je la laisse faire ce qu'elle a à faire. Bien sûr, je veux en parler avec mon père. Lui au moins a ce qu'il faut pour faire face au kidnapping.

Ce n'est pas le cas de tout le monde. Quoi qu'il en soit, ce n'est pas à moi de leur dire d'y aller ou pas.

Avec la porte fermée, le bruit cesse et je peux enfin dormir.

Dans mon rêve, je suis dans un labyrinthe. Je sais qu'il n'y a pas de sortie. Alors je vais au hasard, pas à pas. La seule chance de sortir d'ici est de faire le mur. Ou alors, de voler hors de ce piège. C'est un rêve, donc il me suffit de penser à une montgolfière pour qu'elle soit là et que je puisse partir. Je vole très haut, dans les nuages.

Chapitre 3

Avec leur aide. Ben est avec son amie donc je vais chez moi.

Il me dit qu'il doit aller dans ce bar de la rue York pour la fête de ce soir, et que je dois y aller avec lui. Une fois chez moi, je sors l'aspirateur et fais le hall. Je ne veux pas être avec tous ces gens ce soir, et en plus, j'y suis déjà allé une ou deux fois. Je n'ai pas le choix ; j'ai déjà dit que j'irais là-bas. Je ne peux pas ne pas y aller.

Le bombardement s'est passé loin de nous, et c'est loin d'être fini. Cela ne les gêne pas de tout voir sous cet angle.

Alors je vais être ivre mort, même si je sais que ça n'est pas bien. Au dîner, rien de bon pour moi ce soir.

Tous les plats du menu sont avec champignon. Ça ne va pas m'aider. En face de moi à la table, un ami de Ben a un carnet et fait un dessin. Je ne peux pas voir de là où je suis. Je vais à côté de lui pour voir. Il est très mal fait donc je ne lui dis rien, mais on dirait un dromadaire. Les gens venus pour la fête de Ben sont tous déjà amis, et je suis le plus âgé. Bref, ça n'est pas une super soirée. Je fais de mon mieux, mais il est clair que je ne suis pas à ma place ici.

Mais vous, vous irez loin ! La fin est là, et je suis le seul à le savoir. Ça n'est pas très grave, ils sont mieux sans que avec.

Bien sûr, je veux en parler avec mon père.

Lui au moins a ce qu'il faut pour faire face au kidnapping. Ce n'est pas le cas de tout le monde. Quoi qu'il en soit, ce n'est pas à moi de leur dire d'aller dans un sens ou dans l'autre. Avec la porte fermée, le bruit cesse et je peux enfin dormir. Dans mon rêve, je suis dans un labyrinthe. Je sais qu'il n'y a pas de sortie. Alors je vais au hasard, pas à pas.

La seule chance de sortir d'ici est de faire le mur. Ou alors, de voler hors de ce piège.

Il me suffit de penser à une montgolfière pour qu'elle soit là (ça n'est qu'un rêve) et que je puisse partir.

Je vole très haut, dans les nuages, mais le son de la ville est là, comme si j'étais en bas. Le rêve change, et cette fois je suis chez moi, à côté de mon lit. Tel un noctambule, je rêve, mais mes yeux ne sont pas fermés. Je me vois rêver dans mon rêve. C'est idiot et ça me fait un peu peur en même temps. Il y a un écran devant moi, sur lequel une ombre court en rond sur une piste rouge. On dirait les Jeux Olympiques de Berlin en 1936. La course n'en finit pas, puis l'image s'en va.

Après ça, l'écran montre une série de photos en noir et blanc. Je les ai toutes déjà vues, je ne sais plus quand et où. Sur une photo, un portemanteau est le seul objet dans la pièce.

Puis, sur la photo d'après, il y a une chaise, avec une table basse à côté. Il y a un papier sur la table, avec un seul mot écrit en gros. Tout le reste a été laissé blanc. Le mot est : questionnaire. Sur la photo d'après, c'est moi que je vois. Je suis en bas, dans le salon, assis par terre.

Il n'y a pas un bruit dans la pièce, tout le monde est parti. Il ne reste plus moi, je suis enfin seul. Je me lève et vais vers le réfrigérateur. Bien sûr, il est vide et il est trop tard pour sortir. Ce n'est pas mon jour de chance.

Avec lui-même. Ben est avec son amie donc je pars chez moi un peu plus tôt. Il me dit qu'il doit aller dans ce bar de la rue York pour la fête de ce soir, et que je dois y aller avec lui.

Une fois chez moi, je sors l'aspirateur et fais le hall. Je ne veux pas être avec tous ces gens ce soir, et en plus, j'y suis déjà allé une ou deux fois. Je n'ai pas le choix ; j'ai déjà dit que j'irais là-bas. Avec ce qui s'est passé hier, je sais qu'ils ont tous le bombardement en tête.

Ça s'est passé loin de nous, et c'est loin d'être fini. Cela ne les gêne pas de tout voir sous cet angle, mais moi je ne peux pas. Alors je vais être ivre mort, et je sais que ça n'est pas bien. Au dîner, tous les plats du menu sont avec champignon.

Rien de bon pour moi ce soir. Ça ne va pas m'aider. En face de moi à la table, un ami de Ben a un carnet et fait un dessin.

Je ne peux pas voir de là où je suis.

Je vais à côté de lui pour voir. On dirait un dromadaire ; il est très mal fait donc je ne lui dis rien. Les gens venus pour la fête de Ben sont tous déjà amis, et je suis le plus âgé. Bref, ça n'est pas une super soirée. Je fais de mon mieux, mais il est clair que je ne suis pas à ma place ici. Je suis un extraterrestre pour eux.

Je n'ai qu'une hâte : que le repas soit fini pour que je rentre chez moi. Je sais, je suis là pour Ben, c'est mon ami.

Du bout de ma fourchette, je joue avec le chou que je n'aime pas. C'est juste que je ne me sens pas à l'aise.

Je ne sais pas ce qui est prévu pour après le dîner. Tant que ça se finit vite, ça me va. Je vois que l'ami de Ben (son nom est Marc) a posé son carnet. Il a fait un drôle de gribouillage. Lui non plus ne parle pas trop. Je ne sais pas où Ben l'a connu, ça n'est pas très clair. En tout cas, il a l'air un peu fou. Je note un son sourd au loin, un peu plus fort que le son des voix à côté de moi. Ça vient du toit et je pense à un hélicoptère, mais je ne vois pas ce qu'il fait ici, si loin de la ville.

Cela veut dire ce que cela veut dire. Paul ne m'a rien dit à ce sujet. Cinq jours plus tard, il reçoit un appel d'un ami, avec qui il l'a vue dans un van près de chez elle, tard le soir. Son kidnapping a eu lieu il y a six jours.

Cet appel, cette drôle de voix, et je sais que ce n'est pas un de ses gags.

Je n'ai pas le choix, je dois payer, mais rien ne va assez vite.

C'est un labyrinthe où j'erre dans le noir. Et le pire, c'est que je suis seul en face de tout ça, car ses amis, sa mère et son père ne sont pas là. À côté de ça, Paul veut aller sur l'île pour voir où elle peut être. Il est sûr qu'elle est là-bas. Une fois sur l'île, il nous faut une montgolfière pour tout voir d'en haut. Je n'ai rien de mieux à faire, alors je le suis.

Mais il n'y rien. Le soir est là, et de nuit je ne peux rien faire. Sous un ciel sans lune, je suis la côte.

Je suis noctambule et je ne sais pas où je vais. Je ne vois rien non plus.

Sans but, je suis les rues et vois que je suis en face de chez moi. Il est tôt, mais je vais tout de suite au lit. Je dois être prêt pour les Jeux Olympiques. De nuit, sans le savoir, je dors sans fermer les yeux. C'est un ami, un jour, qui m'a dit ça. En plus de ça, il m'a dit que je parle dans mes rêves. Cette nuit-là, je ne rêve pas, et quand je me lève le jour d'après, je ne sais pas où je suis. Puis je vois le portemanteau dans le coin de la pièce, et je sais que je suis chez moi.

C'est le jour du test et il ne faut pas que je le rate. J'avoue que j'ai un peu le trac, bien que je sois prêt. En tout cas, c'est ce que je crois. Le questionnaire ne doit pas être trop dur.

Après ça, je vais chez l'un de mes amis, Ben, qui vit à côté du lycée. Il n'y a pas grand chose à faire chez lui, mais on parle de tout et de rien, on passe le temps. Le soir, il voit que son réfrigérateur est vide donc on sort pour un dîner en ville. Il y a un lieu sympa à côté de chez lui.

Donc vous en êtes sûrs. Ce soir, je dois voir mon amie Anne. Cela fait plus d'un an qu'on ne s'est pas vu. Elle vit à Paris, et moi je suis dans le Sud. En plus de ça, on a peu de temps libre. Avant qu'elle ne soit là, je range un peu et passe l'aspirateur. Puis je vais à la gare.

Son train n'est pas là, et je vais dans un café à côté pour tuer le temps. Sur la table à côté de moi, il y a un livre dont le titre parle du bombardement qui a eu lieu à Alger cet été. Je vois une fille en train de se servir au bar.

Son amie porte une robe bleue et d'un coup d'oeil furtif, je note qu'elle fixe le mur en face d'elle.

Un vieux poster avec un gros champignon au centre.

Le poster est en noir et blanc. La scène se passe dans un désert, un océan de sable brun avec une oasis que l'on peut voir au loin. Il n'y a pas âme qui vive dans ce désert, à part un dromadaire qui est figé près d'un point d'eau. Le texte sur le poster est en arabe, je ne peux pas le lire. Sur l'autre mur se trouve une autre image, cette fois une scène dans le futur.

Le ciel n'est pas comme le nôtre, il est violet, avec trois lunes. Un extraterrestre est assis sur le sol.

Il est de dos, mais je peux voir ses grands yeux noirs de profil. Ce dessin n'est pas à mon goût.

On dirait un de ces posters pas chers pour fans de Star Wars, ou ce type de film. Un client lâche sa fourchette, elle tinte sur la table en face de moi. Je vais au bar pour payer. Si son train est à l'heure, Anne sera là dans peu de temps et je dois aller à la gare. Le thé que j'ai pris est hors de prix ; la note que je reçois a un gribouillage dans le coin. Je paie et je pars sans tarder. Dans la gare, tout le monde est pressé. Je fends la foule pour aller sur le bon quai.

Le toit de la gare n'est pas fermé et je peux voir un hélicoptère passer au-dessus de moi. Il va vers la côte et vole assez bas.

Ça lui fait un peu de mal. La fin est là, je suis le seul à le savoir et je ne peux rien dire. Je sais que ça n'est pas très grave, donc je ne leur dis rien. Bien sûr, je veux en parler avec mon père. Lui au moins a ce qu'il faut pour faire face au kidnapping. Ce n'est pas le cas de tout le monde. Quoi qu'il en soit, ce n'est pas à moi de leur dire d'aller dans un sens ou dans l'autre.

Avec la porte fermée, le bruit cesse et je peux enfin dormir. Dans mon rêve, je suis dans un labyrinthe.

Je sais qu'il n'y a pas de sortie. Alors je vais au hasard, pas à pas. La seule chance de sortir d'ici est de faire le mur.

Ou alors, de voler hors de ce piège. C'est un rêve, donc il me suffit de penser à une montgolfière pour qu'elle soit là et que je puisse partir. Je vole très haut, dans les nuages, mais le son de la ville est là, comme si j'étais en bas. Le rêve change, et cette fois je suis chez moi, à côté de mon lit. Je rêve, mais mes yeux ne sont pas fermés, tel un noctambule. Je me vois rêver dans mon rêve. C'est idiot et ça me fait un peu peur en même temps.

Il y a un écran devant moi, sur lequel une ombre court en rond sur une piste rouge. On dirait les Jeux Olympiques de Berlin en 1936. La course n'en finit pas, puis l'image s'en va.

Après ça, l'écran montre une série de photos en noir et blanc. Je les ai toutes déjà vues, je ne sais plus quand et où. Sur une photo, un portemanteau vide est le seul objet que l'on peut voir dans la pièce. Puis il y a une chaise, avec une table basse à côté.

Il y a un papier sur la table, avec un seul mot d'écrit en gros. Tout le reste a été laissé blanc. Le mot est Questionnaire. Sur la photo d'après, c'est moi que je vois. Je suis en bas, dans le salon, assis par terre.

Il n'y a pas un bruit dans la pièce, tout le monde est parti. Il ne reste plus moi. Je me lève et vais vers le réfrigérateur.

Bien sûr, il est vide et il est trop tard pour sortir.

27

Elle voit que c'est vrai. Ben est avec son amie donc je vais chez moi. Il me dit qu'il doit aller dans ce bar de la rue York ce soir.

Je dois y aller avec lui. Ça n'est pas bon signe. Une fois chez moi, je sors l'aspirateur et fais le hall.

Je ne veux pas être avec tous ces gens ce soir, et en plus, j'y suis déjà allé une ou deux fois. Je n'ai pas le choix ; j'ai déjà dit que j'irais là-bas. Avec ce qui s'est passé hier, je sais qu'ils ont tous le bombardement en tête. Ça s'est passé loin de nous, et c'est loin d'être fini. Cela ne les gêne pas de tout voir sous cet angle, mais moi je ne peux pas. Alors je vais être ivre mort, même si je sais que ça n'est pas bien. Je me lève et me rends au dîner. Bien sûr, tous les plats du menu sont avec champignon.

Rien de bon pour moi ce soir. Ça ne va pas m'aider. En face de moi à la table, un ami de Ben a un carnet et fait un dessin que je ne peux pas voir de là où je suis.

Je vais à côté de lui pour voir. On dirait un dromadaire ; il est très mal fait donc je ne lui dis rien. Les gens venus pour la fête de Ben sont tous déjà amis, et je suis le plus âgé. Bref, ça n'est pas une super soirée. Je fais de mon mieux, mais il est clair que je suis un extraterrestre pour eux.

Je n'ai qu'une hâte : que le repas soit fini pour que je rentre chez moi. Je sais, je suis là pour Ben, c'est mon ami. C'est juste que je ne me sens pas à l'aise. Mon plat est servi, ça n'est pas trop tôt. Du bout de ma fourchette, je joue avec mon chou.

Je ne suis pas à ma place ici. Je ne sais pas ce qui est prévu pour après le dîner. Tant que ça se finit vite, ça me va.

Je vois que l'ami de Ben a posé son carnet.

Il a fait un drôle de gribouillage. Lui non plus ne parle pas trop. Je ne sais pas où Ben l'a connu, ça n'est pas très clair. En tout cas, il a l'air un peu fou. Je note un son sourd au loin, un peu plus fort que le son des voix à côté de moi. Ça vient du toit et je pense à un hélicoptère, mais je ne vois pas ce qu'il fait ici, si loin de la ville.

À l'heure qu'il est, il ne sera plus là. Eux non plus. Paul ne m'a rien dit à ce sujet. Cinq jours plus tard, une amie vient. Elle me dit qu'elle l'a vue dans un van à côté de chez elle, tard le soir. Son kidnapping a eu lieu il y a six jours. Cet appel, cette drôle de voix, et je sais que ce n'est pas un de ses gags. Je n'ai pas le choix, je dois payer, mais rien ne va assez vite. Et le pire, c'est que je suis seul en face de tout ça, car ses amis ne sont pas là. C'est un labyrinthe où j'erre dans le noir.

À côté de ça, Paul veut aller sur l'île pour voir où elle peut être. Il est sûr qu'elle est là-bas. Je n'ai rien de mieux à faire, alors je le suis.

Une fois sur l'île, il nous faut une montgolfière pour tout voir d'en haut. Mais il n'y rien. Le soir est là, et de nuit je ne peux rien faire. Sous un ciel sans lune, je suis la côte. Sans but, je suis les rues et vois que je suis en face de chez moi. Je suis noctambule et je ne sais pas où je vais.

Je ne vois rien non plus. De nuit, sans le savoir, je dors sans fermer les yeux. En plus de ça, un ami m'a dit que je parle dans mes rêves. Il est tôt, mais je vais tout de suite au lit. Je dois être prêt pour les Jeux Olympiques.

Cette nuit-là, je ne rêve pas, et quand je me lève le jour d'après, je ne sais pas où je suis.

Je vois mon lit, ma veste sur le sol, la table à côté de moi.

Puis je vois le portemanteau dans le coin de la pièce, et je sais que je suis chez moi. C'est le jour du test et il ne faut pas que je le rate. J'avoue que j'ai un peu le trac, bien que je sois prêt. En tout cas, c'est ce que je crois. Le test ne doit pas être trop dur. Après le questionnaire, je vais chez l'un de mes amis, Ben, qui vit à côté du lycée.

Il n'y a pas grand chose à faire chez lui, mais on parle de tout et de rien, on passe le temps.

Le soir, il voit que son réfrigérateur est vide donc on sort pour un dîner en ville. Il y a un lieu sympa à côté de chez lui.

Mais lui, il ira loin ! Ce soir, je dois voir Anne. Cela fait un an qu'on ne s'est pas vu. Elle vit à Paris, et moi dans le Sud.

En plus de ça, on a peu de temps libre. Avant qu'elle ne soit là, je range un peu et passe l'aspirateur. Puis je vais à la gare. Son train n'est pas là, et je vais dans un café à côté pour tuer le temps. Je vois une fille en train de se servir au bar. Sur la table à côté d'elle, il y a un livre dont le titre parle du bombardement qui a eu lieu à Alger cet été. Son amie porte une robe bleue et d'un coup d'oeil furtif, je note qu'elle fixe le mur en face d'elle.

Un vieux poster en noir et blanc, avec au centre un gros champignon. La scène se passe dans un désert, un océan de sable brun avec une oasis que l'on peut voir au loin.

Le texte sur le poster est en arabe, je ne peux pas le lire. Il n'y a pas âme qui vive dans ce désert, à part, figé près d'un point d'eau, un dromadaire. Sur l'autre mur se trouve une autre image, cette fois une scène dans le futur. Le ciel n'est pas comme le nôtre, il est violet, avec trois lunes.

On dirait un de ces posters pas chers pour fans de Star Wars, ou ce type de film. Un extraterrestre est assis sur le sol. Il est de dos, mais je peux voir ses grands yeux noirs de profil. Ce dessin n'est pas à mon goût.

Je vais au bar pour payer. À la table en face de moi, un client lâche sa fourchette, qui tinte sur la table.

Si son train est à l'heure, Anne sera là dans peu de temps.

Je paie et je pars sans tarder. Le thé que j'ai pris est hors de prix ; la note que j'ai reçue et que j'ai mise dans ma poche a un gribouillage dans le coin. Dans la gare, tout le monde est pressé. Je fends la foule pour aller sur le bon quai, je ne veux pas être en retard. Au final, je suis trop en avance et le quai est vide.

Je peux voir un hélicoptère passer au-dessus de moi, car le toit de la gare n'est pas fermé. Il va vers la côte.

Même moi, je ne sais pas. La fin est là, et je suis l'un des seuls à en savoir plus qu'eux. Pour moi, ça n'est pas très grave. Mais je veux en parler avec mon père. Lui au moins a ce qu'il faut pour faire face au kidnapping.

Ce n'est pas le cas de tout le monde. Quoi qu'il en soit, ce n'est pas à moi de leur dire d'y aller ou pas.

Avec la porte fermée, le bruit cesse et je peux enfin dormir.

Dans mon rêve, je suis dans un labyrinthe. Je sais qu'il n'y a pas de sortie. Alors je vais au hasard, pas à pas. La seule chance de sortir d'ici est de faire le mur. Ou alors, de voler hors de ce piège. C'est un rêve, donc il me suffit de penser à une montgolfière pour qu'elle soit là et que je puisse partir. Je vole très haut, dans les nuages.

Chapitre 4

Avec mon aide. Ben est avec son amie donc je vais chez moi.

Il me dit qu'il doit aller dans ce bar de la rue York pour la fête de ce soir, et que je dois y aller avec lui. Une fois chez moi, je sors l'aspirateur et fais le hall. Je ne veux pas être avec tous ces gens ce soir, et en plus, j'y suis déjà allé une ou deux fois. Je n'ai pas le choix ; j'ai déjà dit que j'irais là-bas. Je ne peux pas ne pas y aller.

Le bombardement s'est passé loin de nous, et c'est loin d'être fini. Cela ne les gêne pas de tout voir sous cet angle.

Alors je vais être ivre mort, même si je sais que ça n'est pas bien. Au dîner, rien de bon pour moi ce soir.

Tous les plats du menu sont avec champignon. Ça ne va pas m'aider. En face de moi à la table, un ami de Ben a un carnet et fait un dessin. Je ne peux pas voir de là où je suis. Je vais à côté de lui pour voir. Il est très mal fait donc je ne lui dis rien, mais on dirait un dromadaire. Les gens venus pour la fête de Ben sont tous déjà amis, et je suis le plus âgé. Bref, ça n'est pas une super soirée. Je fais de mon mieux, mais il est clair que je ne suis pas à ma place ici.

Donne-moi la clé. La fin est là, et je suis le seul à le savoir. Je sais que ça n'est pas très grave. Ils sont mieux sans que avec.

Bien sûr, je veux en parler avec mon père.

Lui au moins a ce qu'il faut pour faire face au kidnapping. Ce n'est pas le cas de tout le monde. Quoi qu'il en soit, ce n'est pas à moi de leur dire d'aller dans un sens ou dans l'autre. Avec la porte fermée, le bruit cesse et je peux enfin dormir. Dans mon rêve, je suis dans un labyrinthe. Je sais qu'il n'y a pas de sortie. Alors je vais au hasard, pas à pas.

La seule chance de sortir d'ici est de faire le mur. Ou alors, de voler hors de ce piège.

Il me suffit de penser à une montgolfière pour qu'elle soit là (ça n'est qu'un rêve) et que je puisse partir.

Je vole très haut, dans les nuages, mais le son de la ville est là, comme si j'étais en bas. Le rêve change, et cette fois je suis chez moi, à côté de mon lit. Tel un noctambule, je rêve, mais mes yeux ne sont pas fermés. Je me vois rêver dans mon rêve. C'est idiot et ça me fait un peu peur en même temps. Il y a un écran devant moi, sur lequel une ombre court en rond sur une piste rouge. On dirait les Jeux Olympiques de Berlin en 1936. La course n'en finit pas, puis l'image s'en va.

Après ça, l'écran montre une série de photos en noir et blanc. Je les ai toutes déjà vues, je ne sais plus quand et où. Sur une photo, un portemanteau est le seul objet dans la pièce.

Puis, sur la photo d'après, il y a une chaise, avec une table basse à côté. Il y a un papier sur la table, avec un seul mot écrit en gros. Tout le reste a été laissé blanc. Le mot est : questionnaire. Sur la photo d'après, c'est moi que je vois. Je suis en bas, dans le salon, assis par terre.

Il n'y a pas un bruit dans la pièce, tout le monde est parti. Il ne reste plus moi, je suis enfin seul. Je me lève et vais vers le réfrigérateur. Bien sûr, il est vide et il est trop tard pour sortir. Ce n'est pas mon jour de chance.

Avec moi-même. Ben est avec son amie donc je pars chez moi un peu plus tôt. Il me dit qu'il doit aller dans ce bar de la rue York pour la fête de ce soir, et que je dois y aller avec lui.

Une fois chez moi, je sors l'aspirateur et fais le hall. Je ne veux pas être avec tous ces gens ce soir, et en plus, j'y suis déjà allé une ou deux fois. Je n'ai pas le choix ; j'ai déjà dit que j'irais là-bas. Avec ce qui s'est passé hier, je sais qu'ils ont tous le bombardement en tête.

Ça s'est passé loin de nous, et c'est loin d'être fini. Cela ne les gêne pas de tout voir sous cet angle, mais moi je ne peux pas. Alors je vais être ivre mort, et je sais que ça n'est pas bien. Au dîner, tous les plats du menu sont avec champignon.

Rien de bon pour moi ce soir. Ça ne va pas m'aider. En face de moi à la table, un ami de Ben a un carnet et fait un dessin.

Je ne peux pas voir de là où je suis.

Je vais à côté de lui pour voir. On dirait un dromadaire ; il est très mal fait donc je ne lui dis rien. Les gens venus pour la fête de Ben sont tous déjà amis, et je suis le plus âgé. Bref, ça n'est pas une super soirée. Je fais de mon mieux, mais il est clair que je ne suis pas à ma place ici. Je suis un extraterrestre pour eux.

Je n'ai qu'une hâte : que le repas soit fini pour que je rentre chez moi. Je sais, je suis là pour Ben, c'est mon ami.

Du bout de ma fourchette, je joue avec le chou que je n'aime pas. C'est juste que je ne me sens pas à l'aise.

Je ne sais pas ce qui est prévu pour après le dîner. Tant que ça se finit vite, ça me va. Je vois que l'ami de Ben (son nom est Marc) a posé son carnet. Il a fait un drôle de gribouillage. Lui non plus ne parle pas trop. Je ne sais pas où Ben l'a connu, ça n'est pas très clair. En tout cas, il a l'air un peu fou. Je note un son sourd au loin, un peu plus fort que le son des voix à côté de moi. Ça vient du toit et je pense à un hélicoptère, mais je ne vois pas ce qu'il fait ici, si loin de la ville.

Ma mère n'est plus là. Eux non plus. Paul ne m'a rien dit à ce sujet. Cinq jours plus tard, il reçoit un appel d'un ami, avec qui il l'a vue dans un van à côté de chez elle, tard le soir. Son kidnapping a eu lieu il y a six jours.

Cet appel, cette drôle de voix, et je sais que ce n'est pas un de ses gags.

Je n'ai pas le choix, je dois payer, mais rien ne va assez vite.

C'est un labyrinthe où j'erre dans le noir. Et le pire, c'est que je suis seul en face de tout ça, car ses amis, sa mère et son père ne sont pas là. À côté de ça, Paul veut aller sur l'île pour voir où elle peut être. Il est sûr qu'elle est là-bas. Une fois sur l'île, il nous faut une montgolfière pour tout voir d'en haut. Je n'ai rien de mieux à faire, alors je le suis.

Mais il n'y rien. Le soir est là, et de nuit je ne peux rien faire. Sous un ciel sans lune, je suis la côte.

Je suis noctambule et je ne sais pas où je vais. Je ne vois rien non plus.

Sans but, je suis les rues et vois que je suis en face de chez moi. Il est tôt, mais je vais tout de suite au lit. Je dois être prêt pour les Jeux Olympiques. De nuit, sans le savoir, je dors sans fermer les yeux. C'est un ami, un jour, qui m'a dit ça. En plus de ça, il m'a dit que je parle dans mes rêves. Cette nuit-là, je ne rêve pas, et quand je me lève le jour d'après, je ne sais pas où je suis. Puis je vois le portemanteau dans le coin de la pièce, et je sais que je suis chez moi.

C'est le jour du test et il ne faut pas que je le rate. J'avoue que j'ai un peu le trac, bien que je sois prêt. En tout cas, c'est ce que je crois. Le questionnaire ne doit pas être trop dur.

Après ça, je vais chez l'un de mes amis, Ben, qui vit à côté du lycée. Il n'y a pas grand chose à faire chez lui, mais on parle de tout et de rien, on passe le temps. Le soir, il voit que son réfrigérateur est vide donc on sort pour un dîner en ville. Il y a un lieu sympa à côté de chez lui.

Mais c'est un vrai fou. Ce soir, je dois voir mon amie Anne. Cela fait plus d'un an qu'on ne s'est pas vu. Elle vit à Paris, et moi je suis dans le Sud. En plus de ça, on a peu de temps libre. Avant qu'elle ne soit là, je range un peu et passe l'aspirateur. Puis je vais à la gare.

Son train n'est pas là, et je vais dans un café à côté pour tuer le temps. Sur la table à côté de moi, il y a un livre dont le titre parle du bombardement qui a eu lieu à Alger cet été. Je vois une fille en train de se servir au bar.

Son amie porte une robe bleue et d'un coup d'oeil furtif, je note qu'elle fixe le mur en face d'elle.

Un vieux poster avec un gros champignon au centre.

Le poster est en noir et blanc. La scène se passe dans un désert, un océan de sable brun avec une oasis que l'on peut voir au loin. Il n'y a pas âme qui vive dans ce désert, à part un dromadaire qui est figé près d'un point d'eau. Le texte sur le poster est en arabe, je ne peux pas le lire. Sur l'autre mur se trouve une autre image, cette fois une scène dans le futur.

Le ciel n'est pas comme le nôtre, il est violet, avec trois lunes. Un extraterrestre est assis sur le sol.

Il est de dos, mais je peux voir ses grands yeux noirs de profil. Ce dessin n'est pas à mon goût.

On dirait un de ces posters pas chers pour fans de Star Wars, ou ce type de film. Un client lâche sa fourchette, elle tinte sur la table en face de moi. Je vais au bar pour payer. Si son train est à l'heure, Anne sera là dans peu de temps et je dois aller à la gare. Le thé que j'ai pris est hors de prix ; la note que je reçois a un gribouillage dans le coin. Je paie et je pars sans tarder. Dans la gare, tout le monde est pressé. Je fends la foule pour aller sur le bon quai.

Le toit de la gare n'est pas fermé et je peux voir un hélicoptère passer au-dessus de moi. Il va vers la côte et vole assez bas.

Ça me fait un peu mal. La fin est là, et je suis le seul à en savoir plus qu'eux. Ça n'est pas grave. Je ne leur dis rien mais les laisse faire ce qu'ils ont à faire. Je veux en parler avec mon père. Il a ce qu'il faut pour faire face au kidnapping. Ce n'est pas le cas de tout le monde. Quoi qu'il en soit, ce n'est pas à moi de leur dire d'aller dans un sens ou dans l'autre.

Avec la porte fermée, le bruit cesse et je peux enfin dormir. Dans mon rêve, je suis dans un labyrinthe.

Je sais qu'il n'y a pas de sortie. Alors je vais au hasard, pas à pas. La seule chance de sortir d'ici est de faire le mur.

Ou alors, de voler hors de ce piège. C'est un rêve, donc il me suffit de penser à une montgolfière pour qu'elle soit là et que je puisse partir. Je vole très haut, dans les nuages, mais le son de la ville est là, comme si j'étais en bas. Le rêve change, et cette fois je suis chez moi, à côté de mon lit. Je rêve, mais mes yeux ne sont pas fermés, tel un noctambule. Je me vois rêver dans mon rêve. C'est idiot et ça me fait un peu peur en même temps.

Il y a un écran devant moi, sur lequel une ombre court en rond sur une piste rouge. On dirait les Jeux Olympiques de Berlin en 1936. La course n'en finit pas, puis l'image s'en va.

Après ça, l'écran montre une série de photos en noir et blanc. Je les ai toutes déjà vues, je ne sais plus quand et où. Sur une photo, un portemanteau vide est le seul objet que l'on peut voir dans la pièce. Puis il y a une chaise, avec une table basse à côté.

Il y a un papier sur la table, avec un seul mot d'écrit en gros. Tout le reste a été laissé blanc. Le mot est Questionnaire. Sur la photo d'après, c'est moi que je vois. Je suis en bas, dans le salon, assis par terre.

Il n'y a pas un bruit dans la pièce, tout le monde est parti. Il ne reste plus moi. Je me lève et vais vers le réfrigérateur.

Bien sûr, il est vide et il est trop tard pour sortir.

Avec ces gens-là, il faut un rite. Ben est avec son amie donc je vais chez moi. Il doit aller dans ce bar de la rue York ce soir.

Je dois y aller avec lui. Ça n'est pas bon signe. Une fois chez moi, je sors l'aspirateur et fais le hall.

Je ne veux pas être avec tous ces gens ce soir, et en plus, j'y suis déjà allé une ou deux fois. Je n'ai pas le choix ; j'ai déjà dit que j'irais là-bas. Avec ce qui s'est passé hier, je sais qu'ils ont tous le bombardement en tête. Ça s'est passé loin de nous, et c'est loin d'être fini. Cela ne les gêne pas de tout voir sous cet angle, mais moi je ne peux pas. Alors je vais être ivre mort, même si je sais que ça n'est pas bien. Je me lève et me rends au dîner. Bien sûr, tous les plats du menu sont avec champignon.

Rien de bon pour moi ce soir. Ça ne va pas m'aider. En face de moi à la table, un ami de Ben a un carnet et fait un dessin que je ne peux pas voir de là où je suis.

Je vais à côté de lui pour voir. On dirait un dromadaire ; il est très mal fait donc je ne lui dis rien. Les gens venus pour la fête de Ben sont tous déjà amis, et je suis le plus âgé. Bref, ça n'est pas une super soirée. Je fais de mon mieux, mais il est clair que je suis un extraterrestre pour eux.

Je n'ai qu'une hâte : que le repas soit fini pour que je rentre chez moi. Je sais, je suis là pour Ben, c'est mon ami. C'est juste que je ne me sens pas à l'aise. Mon plat est servi, ça n'est pas trop tôt. Du bout de ma fourchette, je joue avec mon chou.

Je ne suis pas à ma place ici. Je ne sais pas ce qui est prévu pour après le dîner. Tant que ça se finit vite, ça me va.

Je vois que l'ami de Ben a posé son carnet.

Il a fait un drôle de gribouillage. Lui non plus ne parle pas trop. Je ne sais pas où Ben l'a connu, ça n'est pas très clair. En tout cas, il a l'air un peu fou. Je note un son sourd au loin, un peu plus fort que le son des voix à côté de moi. Ça vient du toit et je pense à un hélicoptère, mais je ne vois pas ce qu'il fait ici, si loin de la ville.

Avec moi, rien n'est hors de portée. Paul ne m'a rien dit à ce sujet. Cinq jours plus tard, il reçoit un appel d'un ami, avec qui il l'a vue dans un van à côté de chez elle, tard le soir. Son kidnapping a eu lieu il y a six jours. Cet appel, cette drôle de voix, et je sais que ce n'est pas un de ses gags. Je n'ai pas le choix, je dois payer, mais rien ne va assez vite. Et le pire, c'est que je suis seul en face de tout ça, car ses amis, sa mère et son père ne sont pas là. C'est un labyrinthe où j'erre dans le noir.

À côté de ça, Paul veut aller sur l'île pour voir où elle peut être. Il est sûr qu'elle est là-bas. Je n'ai rien de mieux à faire, alors je le suis.

Une fois sur l'île, il nous faut une montgolfière pour tout voir d'en haut. Mais il n'y rien. Le soir est là, et de nuit je ne peux rien faire. Sous un ciel sans lune, je suis la côte. Sans but, je suis les rues et vois que je suis en face de chez moi. Je suis noctambule et je ne sais pas où je vais.

Je ne vois rien non plus. De nuit, sans le savoir, je dors sans fermer les yeux. En plus de ça, un ami m'a dit que je parle dans mes rêves. Il est tôt, mais je vais tout de suite au lit. Je dois être prêt pour les Jeux Olympiques.

Cette nuit-là, je ne rêve pas, et quand je me lève le jour d'après, je ne sais pas où je suis.

Je vois mon lit, ma veste sur le sol, la table à côté de moi.

Puis je vois le portemanteau dans le coin de la pièce, et je sais que je suis chez moi. C'est le jour du test et il ne faut pas que je le rate. J'avoue que j'ai un peu le trac, bien que je sois prêt. En tout cas, c'est ce que je crois. Le test ne doit pas être trop dur. Après le questionnaire, je vais chez l'un de mes amis, Ben, qui vit à côté du lycée.

Il n'y a pas grand chose à faire chez lui, mais on parle de tout et de rien, on passe le temps.

Le soir, il voit que son réfrigérateur est vide donc on sort pour un dîner en ville. Il y a un lieu sympa à côté de chez lui.

Avec moi, il est prêt à tout. Ce soir, je dois voir Anne. Cela fait un an qu'on ne s'est pas vu. Elle vit à Paris.

En plus de ça, on a peu de temps libre. Avant qu'elle ne soit là, je range un peu et passe l'aspirateur. Puis je vais à la gare. Son train n'est pas là, et je vais dans un café à côté pour tuer le temps. Je vois une fille en train de se servir au bar. Sur la table à côté d'elle, il y a un livre dont le titre parle du bombardement qui a eu lieu à Alger cet été. Son amie porte une robe bleue et d'un coup d'oeil furtif, je note qu'elle fixe le mur en face d'elle.

Un vieux poster en noir et blanc, avec au centre un gros champignon. La scène se passe dans un désert, un océan de sable brun avec une oasis que l'on peut voir au loin.

Le texte sur le poster est en arabe, je ne peux pas le lire. Il n'y a pas âme qui vive dans ce désert, à part, figé près d'un point d'eau, un dromadaire. Sur l'autre mur se trouve une autre image, cette fois une scène dans le futur. Le ciel n'est pas comme le nôtre, il est violet, avec trois lunes.

On dirait un de ces posters pas chers pour fans de Star Wars, ou ce type de film. Un extraterrestre est assis sur le sol. Il est de dos, mais je peux voir ses grands yeux noirs de profil. Ce dessin n'est pas à mon goût.

Je vais au bar pour payer. À la table en face de moi, un client lâche sa fourchette, qui tinte sur la table.

Si son train est à l'heure, Anne sera là dans peu de temps.

Je paie et je pars sans tarder. Le thé que j'ai pris est hors de prix ; la note que j'ai reçue et que j'ai mise dans ma poche a un gribouillage dans le coin. Dans la gare, tout le monde est pressé. Je fends la foule pour aller sur le bon quai, je ne veux pas être en retard. Au final, je suis trop en avance et le quai est vide.

Je peux voir un hélicoptère passer au-dessus de moi, car le toit de la gare n'est pas fermé. Il va vers la côte.

Avec Dieu, je suis en paix. La fin est là, et je suis le seul à le savoir. Ça n'est pas très grave. Je ne leur dis pas. Bien sûr, avec mon père je peux en parler. Lui au moins a ce qu'il faut pour faire face au kidnapping.

Ce n'est pas le cas de tout le monde. Quoi qu'il en soit, ce n'est pas à moi de leur dire d'y aller ou pas.

Avec la porte fermée, le bruit cesse et je peux enfin dormir.

Dans mon rêve, je suis dans un labyrinthe. Je sais qu'il n'y a pas de sortie. Alors je vais au hasard, pas à pas. La seule chance de sortir d'ici est de faire le mur. Ou alors, de voler hors de ce piège. C'est un rêve, donc il me suffit de penser à une montgolfière pour qu'elle soit là et que je puisse partir. Je vole très haut, dans les nuages.

Chapitre 5

Elle n'a pas d'amis. Ben n'est pas là donc je vais chez moi.

Il me dit qu'il doit aller dans ce bar de la rue York pour la fête de ce soir, et que je dois y aller avec lui. Une fois chez moi, je sors l'aspirateur et fais le hall. Je ne veux pas être avec tous ces gens ce soir, et en plus, j'y suis déjà allé une ou deux fois. Je n'ai pas le choix ; j'ai déjà dit que j'irais là-bas. Je ne peux pas ne pas y aller.

Le bombardement s'est passé loin de nous, et c'est loin d'être fini. Cela ne les gêne pas de tout voir sous cet angle.

Alors je vais être ivre mort, même si je sais que ça n'est pas bien. Au dîner, rien de bon pour moi ce soir.

Tous les plats du menu sont avec champignon. Ça ne va pas m'aider. En face de moi à la table, un ami de Ben a un carnet et fait un dessin. Je ne peux pas voir de là où je suis. Je vais à côté de lui pour voir. Il est très mal fait donc je ne lui dis rien, mais on dirait un dromadaire. Les gens venus pour la fête de Ben sont tous déjà amis, et je suis le plus âgé. Bref, ça n'est pas une super soirée. Je fais de mon mieux, mais il est clair que je ne suis pas à ma place ici.

Il ne voit rien. La fin est là, et je suis le seul à le savoir. Ça n'est pas très grave. Je ne leur dis rien, mais je pense aussi à elle.

Bien sûr, je veux en parler avec mon père.

Lui au moins a ce qu'il faut pour faire face au kidnapping. Ce n'est pas le cas de tout le monde. Quoi qu'il en soit, ce n'est pas à moi de leur dire d'aller dans un sens ou dans l'autre. Avec la porte fermée, le bruit cesse et je peux enfin dormir. Dans mon rêve, je suis dans un labyrinthe. Je sais qu'il n'y a pas de sortie. Alors je vais au hasard, pas à pas.

La seule chance de sortir d'ici est de faire le mur. Ou alors, de voler hors de ce piège.

Il me suffit de penser à une montgolfière pour qu'elle soit là (ça n'est qu'un rêve) et que je puisse partir.

Je vole très haut, dans les nuages, mais le son de la ville est là, comme si j'étais en bas. Le rêve change, et cette fois je suis chez moi, à côté de mon lit. Tel un noctambule, je rêve, mais mes yeux ne sont pas fermés. Je me vois rêver dans mon rêve. C'est idiot et ça me fait un peu peur en même temps. Il y a un écran devant moi, sur lequel une ombre court en rond sur une piste rouge. On dirait les Jeux Olympiques de Berlin en 1936. La course n'en finit pas, puis l'image s'en va.

Après ça, l'écran montre une série de photos en noir et blanc. Je les ai toutes déjà vues, je ne sais plus quand et où. Sur une photo, un portemanteau est le seul objet dans la pièce.

Puis, sur la photo d'après, il y a une chaise, avec une table basse à côté. Il y a un papier sur la table, avec un seul mot écrit en gros. Tout le reste a été laissé blanc. Le mot est : questionnaire. Sur la photo d'après, c'est moi que je vois. Je suis en bas, dans le salon, assis par terre.

Il n'y a pas un bruit dans la pièce, tout le monde est parti. Il ne reste plus moi, je suis enfin seul. Je me lève et vais vers le réfrigérateur. Bien sûr, il est vide et il est trop tard pour sortir. Ce n'est pas mon jour de chance.

Loin de moi. Ben est avec son amie donc je pars chez moi un peu plus tôt. Il me dit qu'il doit aller dans ce bar de la rue York pour la fête de ce soir, et que je dois y aller avec lui.

Une fois chez moi, je sors l'aspirateur et fais le hall. Je ne veux pas être avec tous ces gens ce soir, et en plus, j'y suis déjà allé une ou deux fois. Je n'ai pas le choix ; j'ai déjà dit que j'irais là-bas. Avec ce qui s'est passé hier, je sais qu'ils ont tous le bombardement en tête.

Ça s'est passé loin de nous, et c'est loin d'être fini. Cela ne les gêne pas de tout voir sous cet angle, mais moi je ne peux pas. Alors je vais être ivre mort, et je sais que ça n'est pas bien. Au dîner, tous les plats du menu sont avec champignon.

Rien de bon pour moi ce soir. Ça ne va pas m'aider. En face de moi à la table, un ami de Ben a un carnet et fait un dessin.

Je ne peux pas voir de là où je suis.

Je vais à côté de lui pour voir. On dirait un dromadaire ; il est très mal fait donc je ne lui dis rien. Les gens venus pour la fête de Ben sont tous déjà amis, et je suis le plus âgé. Bref, ça n'est pas une super soirée. Je fais de mon mieux, mais il est clair que je ne suis pas à ma place ici. Je suis un extraterrestre pour eux.

Je n'ai qu'une hâte : que le repas soit fini pour que je rentre chez moi. Je sais, je suis là pour Ben, c'est mon ami.

Du bout de ma fourchette, je joue avec le chou que je n'aime pas. C'est juste que je ne me sens pas à l'aise.

Je ne sais pas ce qui est prévu pour après le dîner. Tant que ça se finit vite, ça me va. Je vois que l'ami de Ben (son nom est Marc) a posé son carnet. Il a fait un drôle de gribouillage. Lui non plus ne parle pas trop. Je ne sais pas où Ben l'a connu, ça n'est pas très clair. En tout cas, il a l'air un peu fou. Je note un son sourd au loin, un peu plus fort que le son des voix à côté de moi. Ça vient du toit et je pense à un hélicoptère, mais je ne vois pas ce qu'il fait ici, si loin de la ville.

Avant de nier tout ça. Je ne sais pas où elle est. Paul ne m'a rien dit à ce sujet. Cinq jours plus tard, un ami qui vit non loin de chez elle, me dit qu'il l'a vue dans un van, tard le soir. Son kidnapping a eu lieu il y a six jours.

Cet appel, cette drôle de voix, et je sais que ce n'est pas un de ses gags.

Je n'ai pas le choix, je dois payer, mais rien ne va assez vite.

C'est un labyrinthe où j'erre dans le noir. Et le pire, c'est que je suis seul en face de tout ça, car ses amis, sa mère et son père ne sont pas là. À côté de ça, Paul veut aller sur l'île pour voir où elle peut être. Il est sûr qu'elle est là-bas. Une fois sur l'île, il nous faut une montgolfière pour tout voir d'en haut. Je n'ai rien de mieux à faire, alors je le suis.

Mais il n'y rien. Le soir est là, et de nuit je ne peux rien faire. Sous un ciel sans lune, je suis la côte.

Je suis noctambule et je ne sais pas où je vais. Je ne vois rien non plus.

Sans but, je suis les rues et vois que je suis en face de chez moi. Il est tôt, mais je vais tout de suite au lit. Je dois être prêt pour les Jeux Olympiques. De nuit, sans le savoir, je dors sans fermer les yeux. C'est un ami, un jour, qui m'a dit ça. En plus de ça, il m'a dit que je parle dans mes rêves. Cette nuit-là, je ne rêve pas, et quand je me lève le jour d'après, je ne sais pas où je suis. Puis je vois le portemanteau dans le coin de la pièce, et je sais que je suis chez moi.

C'est le jour du test et il ne faut pas que je le rate. J'avoue que j'ai un peu le trac, bien que je sois prêt. En tout cas, c'est ce que je crois. Le questionnaire ne doit pas être trop dur.

Après ça, je vais chez l'un de mes amis, Ben, qui vit à côté du lycée. Il n'y a pas grand chose à faire chez lui, mais on parle de tout et de rien, on passe le temps. Le soir, il voit que son réfrigérateur est vide donc on sort pour un dîner en ville. Il y a un lieu sympa à côté de chez lui.

Elle n'en veut plus. Ce soir, je dois voir mon amie Anne. Cela fait plus d'un an qu'on ne s'est pas vu. Elle vit à Paris, et moi je suis dans le Sud. En plus de ça, on a peu de temps libre. Avant qu'elle ne soit là, je range un peu et passe l'aspirateur. Puis je vais à la gare.

Son train n'est pas là, et je vais dans un café à côté pour tuer le temps. Sur la table à côté de moi, il y a un livre dont le titre parle du bombardement qui a eu lieu à Alger cet été. Je vois une fille en train de se servir au bar.

Son amie porte une robe bleue et d'un coup d'oeil furtif, je note qu'elle fixe le mur en face d'elle.

Un vieux poster avec un gros champignon au centre.

Le poster est en noir et blanc. La scène se passe dans un désert, un océan de sable brun avec une oasis que l'on peut voir au loin. Il n'y a pas âme qui vive dans ce désert, à part un dromadaire qui est figé près d'un point d'eau. Le texte sur le poster est en arabe, je ne peux pas le lire. Sur l'autre mur se trouve une autre image, cette fois une scène dans le futur.

Le ciel n'est pas comme le nôtre, il est violet, avec trois lunes. Un extraterrestre est assis sur le sol.

Il est de dos, mais je peux voir ses grands yeux noirs de profil. Ce dessin n'est pas à mon goût.

On dirait un de ces posters pas chers pour fans de Star Wars, ou ce type de film. Un client lâche sa fourchette, elle tinte sur la table en face de moi. Je vais au bar pour payer. Si son train est à l'heure, Anne sera là dans peu de temps et je dois aller à la gare. Le thé que j'ai pris est hors de prix ; la note que je reçois a un gribouillage dans le coin. Je paie et je pars sans tarder. Dans la gare, tout le monde est pressé. Je fends la foule pour aller sur le bon quai.

Le toit de la gare n'est pas fermé et je peux voir un hélicoptère passer au-dessus de moi. Il va vers la côte et vole assez bas.

Ça nous fait un peu mal. La fin est là, et je suis le seul à le savoir. Ça n'est pas très grave. Je ne lui dis rien. Bien sûr, elle peux en parler avec mon père. Lui au moins a ce qu'il faut pour faire face au kidnapping. Ce n'est pas le cas de tout le monde. Quoi qu'il en soit, ce n'est pas à moi de leur dire d'aller dans un sens ou dans l'autre.

Avec la porte fermée, le bruit cesse et je peux enfin dormir. Dans mon rêve, je suis dans un labyrinthe.

Je sais qu'il n'y a pas de sortie. Alors je vais au hasard, pas à pas. La seule chance de sortir d'ici est de faire le mur.

Ou alors, de voler hors de ce piège. C'est un rêve, donc il me suffit de penser à une montgolfière pour qu'elle soit là et que je puisse partir. Je vole très haut, dans les nuages, mais le son de la ville est là, comme si j'étais en bas. Le rêve change, et cette fois je suis chez moi, à côté de mon lit. Je rêve, mais mes yeux ne sont pas fermés, tel un noctambule. Je me vois rêver dans mon rêve. C'est idiot et ça me fait un peu peur en même temps.

Il y a un écran devant moi, sur lequel une ombre court en rond sur une piste rouge. On dirait les Jeux Olympiques de Berlin en 1936. La course n'en finit pas, puis l'image s'en va.

Après ça, l'écran montre une série de photos en noir et blanc. Je les ai toutes déjà vues, je ne sais plus quand et où. Sur une photo, un portemanteau vide est le seul objet que l'on peut voir dans la pièce. Puis il y a une chaise, avec une table basse à côté.

Il y a un papier sur la table, avec un seul mot d'écrit en gros. Tout le reste a été laissé blanc. Le mot est Questionnaire. Sur la photo d'après, c'est moi que je vois. Je suis en bas, dans le salon, assis par terre.

Il n'y a pas un bruit dans la pièce, tout le monde est parti. Il ne reste plus moi. Je me lève et vais vers le réfrigérateur.

Bien sûr, il est vide et il est trop tard pour sortir.

Elle dit qu'elle sera là. Ben est avec son amie donc je vais chez moi. Il doit aller dans ce bar de la rue York ce soir.

Je dois y aller avec lui. Ça n'est pas bon signe. Une fois chez moi, je sors l'aspirateur et fais le hall.

Je ne veux pas être avec tous ces gens ce soir, et en plus, j'y suis déjà allé une ou deux fois. Je n'ai pas le choix ; j'ai déjà dit que j'irais là-bas. Avec ce qui s'est passé hier, je sais qu'ils ont tous le bombardement en tête. Ça s'est passé loin de nous, et c'est loin d'être fini. Cela ne les gêne pas de tout voir sous cet angle, mais moi je ne peux pas. Alors je vais être ivre mort, même si je sais que ça n'est pas bien. Je me lève et me rends au dîner. Bien sûr, tous les plats du menu sont avec champignon.

Rien de bon pour moi ce soir. Ça ne va pas m'aider. En face de moi à la table, un ami de Ben a un carnet et fait un dessin que je ne peux pas voir de là où je suis.

Je vais à côté de lui pour voir. On dirait un dromadaire ; il est très mal fait donc je ne lui dis rien. Les gens venus pour la fête de Ben sont tous déjà amis, et je suis le plus âgé. Bref, ça n'est pas une super soirée. Je fais de mon mieux, mais il est clair que je suis un extraterrestre pour eux.

Je n'ai qu'une hâte : que le repas soit fini pour que je rentre chez moi. Je sais, je suis là pour Ben, c'est mon ami. C'est juste que je ne me sens pas à l'aise. Mon plat est servi, ça n'est pas trop tôt. Du bout de ma fourchette, je joue avec mon chou.

Je ne suis pas à ma place ici. Je ne sais pas ce qui est prévu pour après le dîner. Tant que ça se finit vite, ça me va.

Je vois que l'ami de Ben a posé son carnet.

Il a fait un drôle de gribouillage. Lui non plus ne parle pas trop. Je ne sais pas où Ben l'a connu, ça n'est pas très clair. En tout cas, il a l'air un peu fou. Je note un son sourd au loin, un peu plus fort que le son des voix à côté de moi. Ça vient du toit et je pense à un hélicoptère, mais je ne vois pas ce qu'il fait ici, si loin de la ville.

Je ne rie pas. Je ne sais pas où elle est. Paul ne m'a rien dit à ce sujet. Cinq jours plus tard, je reçois un appel d'une amie. Elle me dit qu'il l'a vue dans un van à côté de chez elle, tard le soir. Son kidnapping a eu lieu il y a six jours. Cet appel, cette drôle de voix, et je sais que ce n'est pas un de ses gags. Je n'ai pas le choix, je dois payer, mais rien ne va assez vite. Et le pire, c'est que je suis seul en face de tout ça, car ses amis, sa mère et son père ne sont pas là. C'est un labyrinthe où j'erre dans le noir.

À côté de ça, Paul veut aller sur l'île pour voir où elle peut être. Il est sûr qu'elle est là-bas. Je n'ai rien de mieux à faire, alors je le suis.

Une fois sur l'île, il nous faut une montgolfière pour tout voir d'en haut. Mais il n'y rien. Le soir est là, et de nuit je ne peux rien faire. Sous un ciel sans lune, je suis la côte. Sans but, je suis les rues et vois que je suis en face de chez moi. Je suis noctambule et je ne sais pas où je vais.

Je ne vois rien non plus. De nuit, sans le savoir, je dors sans fermer les yeux. En plus de ça, un ami m'a dit que je parle dans mes rêves. Il est tôt, mais je vais tout de suite au lit. Je dois être prêt pour les Jeux Olympiques.

Cette nuit-là, je ne rêve pas, et quand je me lève le jour d'après, je ne sais pas où je suis.

Je vois mon lit, ma veste sur le sol, la table à côté de moi.

Puis je vois le portemanteau dans le coin de la pièce, et je sais que je suis chez moi. C'est le jour du test et il ne faut pas que je le rate. J'avoue que j'ai un peu le trac, bien que je sois prêt. En tout cas, c'est ce que je crois. Le test ne doit pas être trop dur. Après le questionnaire, je vais chez l'un de mes amis, Ben, qui vit à côté du lycée.

Il n'y a pas grand chose à faire chez lui, mais on parle de tout et de rien, on passe le temps.

Le soir, il voit que son réfrigérateur est vide donc on sort pour un dîner en ville. Il y a un lieu sympa à côté de chez lui.

Elle ne sait rien de tout ça. Ce soir, je dois voir Anne. Cela fait un an qu'on ne s'est pas vu. Elle vit à Paris.

En plus de ça, on a peu de temps libre. Avant qu'elle ne soit là, je range un peu et passe l'aspirateur. Puis je vais à la gare. Son train n'est pas là, et je vais dans un café à côté pour tuer le temps. Je vois une fille en train de se servir au bar. Sur la table à côté d'elle, il y a un livre dont le titre parle du bombardement qui a eu lieu à Alger cet été. Son amie porte une robe bleue et d'un coup d'oeil furtif, je note qu'elle fixe le mur en face d'elle.

Un vieux poster en noir et blanc, avec au centre un gros champignon. La scène se passe dans un désert, un océan de sable brun avec une oasis que l'on peut voir au loin.

Le texte sur le poster est en arabe, je ne peux pas le lire. Il n'y a pas âme qui vive dans ce désert, à part, figé près d'un point d'eau, un dromadaire. Sur l'autre mur se trouve une autre image, cette fois une scène dans le futur. Le ciel n'est pas comme le nôtre, il est violet, avec trois lunes.

On dirait un de ces posters pas chers pour fans de Star Wars, ou ce type de film. Un extraterrestre est assis sur le sol. Il est de dos, mais je peux voir ses grands yeux noirs de profil. Ce dessin n'est pas à mon goût.

Je vais au bar pour payer. À la table en face de moi, un client lâche sa fourchette, qui tinte sur la table.

Si son train est à l'heure, Anne sera là dans peu de temps.

Je paie et je pars sans tarder. Le thé que j'ai pris est hors de prix ; la note que j'ai reçue et que j'ai mise dans ma poche a un gribouillage dans le coin. Dans la gare, tout le monde est pressé. Je fends la foule pour aller sur le bon quai, je ne veux pas être en retard. Au final, je suis trop en avance et le quai est vide.

Je peux voir un hélicoptère passer au-dessus de moi, car le toit de la gare n'est pas fermé. Il va vers la côte.

Il est trop loin. La fin est là, et je suis le seul à le savoir. Ça n'est pas grave. Je les laisse faire ce qu'ils ont à faire avec elle. Bien sûr, je veux en parler avec mon père. Lui au moins a ce qu'il faut pour faire face au kidnapping.

Ce n'est pas le cas de tout le monde. Quoi qu'il en soit, ce n'est pas à moi de leur dire d'y aller ou pas.

Avec la porte fermée, le bruit cesse et je peux enfin dormir.

Dans mon rêve, je suis dans un labyrinthe. Je sais qu'il n'y a pas de sortie. Alors je vais au hasard, pas à pas. La seule chance de sortir d'ici est de faire le mur. Ou alors, de voler hors de ce piège. C'est un rêve, donc il me suffit de penser à une montgolfière pour qu'elle soit là et que je puisse partir. Je vole très haut, dans les nuages.

Chapitre 6

Elle est un peu folle. Ben n'est pas là donc je vais chez moi.

Il me dit qu'il doit aller dans ce bar de la rue York pour la fête de ce soir, et que je dois y aller avec lui. Une fois chez moi, je sors l'aspirateur et fais le hall. Je ne veux pas être avec tous ces gens ce soir, et en plus, j'y suis déjà allé une ou deux fois. Je n'ai pas le choix ; j'ai déjà dit que j'irais là-bas. Je ne peux pas ne pas y aller.

Le bombardement s'est passé loin de nous, et c'est loin d'être fini. Cela ne les gêne pas de tout voir sous cet angle.

Alors je vais être ivre mort, même si je sais que ça n'est pas bien. Au dîner, rien de bon pour moi ce soir.

Tous les plats du menu sont avec champignon. Ça ne va pas m'aider. En face de moi à la table, un ami de Ben a un carnet et fait un dessin. Je ne peux pas voir de là où je suis. Je vais à côté de lui pour voir. Il est très mal fait donc je ne lui dis rien, mais on dirait un dromadaire. Les gens venus pour la fête de Ben sont tous déjà amis, et je suis le plus âgé. Bref, ça n'est pas une super soirée. Je fais de mon mieux, mais il est clair que je ne suis pas à ma place ici.

Ils ont le mien. La fin est là, et je suis le seul à le savoir. Ça n'est pas très grave. Je ne leur dis rien. Ils sont mieux sans elle.

Bien sûr, je veux en parler avec mon père.

Lui au moins a ce qu'il faut pour faire face au kidnapping. Ce n'est pas le cas de tout le monde. Quoi qu'il en soit, ce n'est pas à moi de leur dire d'aller dans un sens ou dans l'autre. Avec la porte fermée, le bruit cesse et je peux enfin dormir. Dans mon rêve, je suis dans un labyrinthe. Je sais qu'il n'y a pas de sortie. Alors je vais au hasard, pas à pas.

La seule chance de sortir d'ici est de faire le mur. Ou alors, de voler hors de ce piège.

Il me suffit de penser à une montgolfière pour qu'elle soit là (ça n'est qu'un rêve) et que je puisse partir.

Je vole très haut, dans les nuages, mais le son de la ville est là, comme si j'étais en bas. Le rêve change, et cette fois je suis chez moi, à côté de mon lit. Tel un noctambule, je rêve, mais mes yeux ne sont pas fermés. Je me vois rêver dans mon rêve. C'est idiot et ça me fait un peu peur en même temps. Il y a un écran devant moi, sur lequel une ombre court en rond sur une piste rouge. On dirait les Jeux Olympiques de Berlin en 1936. La course n'en finit pas, puis l'image s'en va.

Après ça, l'écran montre une série de photos en noir et blanc. Je les ai toutes déjà vues, je ne sais plus quand et où. Sur une photo, un portemanteau est le seul objet dans la pièce.

Puis, sur la photo d'après, il y a une chaise, avec une table basse à côté. Il y a un papier sur la table, avec un seul mot écrit en gros. Tout le reste a été laissé blanc. Le mot est : questionnaire. Sur la photo d'après, c'est moi que je vois. Je suis en bas, dans le salon, assis par terre.

Il n'y a pas un bruit dans la pièce, tout le monde est parti. Il ne reste plus moi, je suis enfin seul. Je me lève et vais vers le réfrigérateur. Bien sûr, il est vide et il est trop tard pour sortir. Ce n'est pas mon jour de chance.

Elle est mal à l'aise. Ben est avec son amie donc je pars chez moi un peu plus tôt. Il me dit qu'il doit aller dans ce bar de la rue York pour la fête de ce soir, et que je dois y aller avec lui.

Une fois chez moi, je sors l'aspirateur et fais le hall. Je ne veux pas être avec tous ces gens ce soir, et en plus, j'y suis déjà allé une ou deux fois. Je n'ai pas le choix ; j'ai déjà dit que j'irais là-bas. Avec ce qui s'est passé hier, je sais qu'ils ont tous le bombardement en tête.

Ça s'est passé loin de nous, et c'est loin d'être fini. Cela ne les gêne pas de tout voir sous cet angle, mais moi je ne peux pas. Alors je vais être ivre mort, et je sais que ça n'est pas bien. Au dîner, tous les plats du menu sont avec champignon.

Rien de bon pour moi ce soir. Ça ne va pas m'aider. En face de moi à la table, un ami de Ben a un carnet et fait un dessin.

Je ne peux pas voir de là où je suis.

Je vais à côté de lui pour voir. On dirait un dromadaire ; il est très mal fait donc je ne lui dis rien. Les gens venus pour la fête de Ben sont tous déjà amis, et je suis le plus âgé. Bref, ça n'est pas une super soirée. Je fais de mon mieux, mais il est clair que je ne suis pas à ma place ici. Je suis un extraterrestre pour eux.

Je n'ai qu'une hâte : que le repas soit fini pour que je rentre chez moi. Je sais, je suis là pour Ben, c'est mon ami.

Du bout de ma fourchette, je joue avec le chou que je n'aime pas. C'est juste que je ne me sens pas à l'aise.

Je ne sais pas ce qui est prévu pour après le dîner. Tant que ça se finit vite, ça me va. Je vois que l'ami de Ben (son nom est Marc) a posé son carnet. Il a fait un drôle de gribouillage. Lui non plus ne parle pas trop. Je ne sais pas où Ben l'a connu, ça n'est pas très clair. En tout cas, il a l'air un peu fou. Je note un son sourd au loin, un peu plus fort que le son des voix à côté de moi. Ça vient du toit et je pense à un hélicoptère, mais je ne vois pas ce qu'il fait ici, si loin de la ville.

Ils ont déjà vu tout ça. Je ne sais pas où elle est. Paul ne m'a rien dit à ce sujet. Cinq jours plus tard, une amie vient et elle me dit qu'elle l'a vue dans un van à côté de chez elle, tard le soir. Son kidnapping a eu lieu il y a six jours.

Cet appel, cette drôle de voix, et je sais que ce n'est pas un de ses gags.

Je n'ai pas le choix, je dois payer, mais rien ne va assez vite.

C'est un labyrinthe où j'erre dans le noir. Et le pire, c'est que je suis seul en face de tout ça, car ses amis, sa mère et son père ne sont pas là. À côté de ça, Paul veut aller sur l'île pour voir où elle peut être. Il est sûr qu'elle est là-bas. Une fois sur l'île, il nous faut une montgolfière pour tout voir d'en haut. Je n'ai rien de mieux à faire, alors je le suis.

Mais il n'y rien. Le soir est là, et de nuit je ne peux rien faire. Sous un ciel sans lune, je suis la côte.

Je suis noctambule et je ne sais pas où je vais. Je ne vois rien non plus.

Sans but, je suis les rues et vois que je suis en face de chez moi. Il est tôt, mais je vais tout de suite au lit. Je dois être prêt pour les Jeux Olympiques. De nuit, sans le savoir, je dors sans fermer les yeux. C'est un ami, un jour, qui m'a dit ça. En plus de ça, il m'a dit que je parle dans mes rêves. Cette nuit-là, je ne rêve pas, et quand je me lève le jour d'après, je ne sais pas où je suis. Puis je vois le portemanteau dans le coin de la pièce, et je sais que je suis chez moi.

C'est le jour du test et il ne faut pas que je le rate. J'avoue que j'ai un peu le trac, bien que je sois prêt. En tout cas, c'est ce que je crois. Le questionnaire ne doit pas être trop dur.

Après ça, je vais chez l'un de mes amis, Ben, qui vit à côté du lycée. Il n'y a pas grand chose à faire chez lui, mais on parle de tout et de rien, on passe le temps. Le soir, il voit que son réfrigérateur est vide donc on sort pour un dîner en ville. Il y a un lieu sympa à côté de chez lui.

Mais elle, elle ira loin ! Ce soir, je dois voir mon amie Anne. Cela fait plus d'un an qu'on ne s'est pas vu. Elle vit à Paris, et moi je suis dans le Sud. En plus de ça, on a peu de temps libre. Avant qu'elle ne soit là, je range un peu et passe l'aspirateur. Puis je vais à la gare.

Son train n'est pas là, et je vais dans un café à côté pour tuer le temps. Sur la table à côté de moi, il y a un livre dont le titre parle du bombardement qui a eu lieu à Alger cet été. Je vois une fille en train de se servir au bar.

Son amie porte une robe bleue et d'un coup d'oeil furtif, je note qu'elle fixe le mur en face d'elle.

Un vieux poster avec un gros champignon au centre.

Le poster est en noir et blanc. La scène se passe dans un désert, un océan de sable brun avec une oasis que l'on peut voir au loin. Il n'y a pas âme qui vive dans ce désert, à part un dromadaire qui est figé près d'un point d'eau. Le texte sur le poster est en arabe, je ne peux pas le lire. Sur l'autre mur se trouve une autre image, cette fois une scène dans le futur.

Le ciel n'est pas comme le nôtre, il est violet, avec trois lunes. Un extraterrestre est assis sur le sol.

Il est de dos, mais je peux voir ses grands yeux noirs de profil. Ce dessin n'est pas à mon goût.

On dirait un de ces posters pas chers pour fans de Star Wars, ou ce type de film. Un client lâche sa fourchette, elle tinte sur la table en face de moi. Je vais au bar pour payer. Si son train est à l'heure, Anne sera là dans peu de temps et je dois aller à la gare. Le thé que j'ai pris est hors de prix ; la note que je reçois a un gribouillage dans le coin. Je paie et je pars sans tarder. Dans la gare, tout le monde est pressé. Je fends la foule pour aller sur le bon quai.

Le toit de la gare n'est pas fermé et je peux voir un hélicoptère passer au-dessus de moi. Il va vers la côte et vole assez bas.

Il est fier de toi. La fin est là, et je suis le seul à savoir. Tout ça Ça n'est pas très grave. Je ne leur dis pas, les laisse faire, mais bien sûr, je veux en parler avec mon père. Lui au moins a ce qu'il faut pour faire face au kidnapping. Ce n'est pas le cas de tout le monde. Quoi qu'il en soit, ce n'est pas à moi de leur dire d'aller dans un sens ou dans l'autre.

Avec la porte fermée, le bruit cesse et je peux enfin dormir. Dans mon rêve, je suis dans un labyrinthe.

Je sais qu'il n'y a pas de sortie. Alors je vais au hasard, pas à pas. La seule chance de sortir d'ici est de faire le mur.

Ou alors, de voler hors de ce piège. C'est un rêve, donc il me suffit de penser à une montgolfière pour qu'elle soit là et que je puisse partir. Je vole très haut, dans les nuages, mais le son de la ville est là, comme si j'étais en bas. Le rêve change, et cette fois je suis chez moi, à côté de mon lit. Je rêve, mais mes yeux ne sont pas fermés, tel un noctambule. Je me vois rêver dans mon rêve. C'est idiot et ça me fait un peu peur en même temps.

Il y a un écran devant moi, sur lequel une ombre court en rond sur une piste rouge. On dirait les Jeux Olympiques de Berlin en 1936. La course n'en finit pas, puis l'image s'en va.

Après ça, l'écran montre une série de photos en noir et blanc. Je les ai toutes déjà vues, je ne sais plus quand et où. Sur une photo, un portemanteau vide est le seul objet que l'on peut voir dans la pièce. Puis il y a une chaise, avec une table basse à côté.

Il y a un papier sur la table, avec un seul mot d'écrit en gros. Tout le reste a été laissé blanc. Le mot est Questionnaire. Sur la photo d'après, c'est moi que je vois. Je suis en bas, dans le salon, assis par terre.

Il n'y a pas un bruit dans la pièce, tout le monde est parti. Il ne reste plus moi. Je me lève et vais vers le réfrigérateur.

Bien sûr, il est vide et il est trop tard pour sortir.

Elle est gênée. Ben est avec son amie donc je vais chez moi. Il me dit qu'il doit aller dans ce bar de la rue York ce soir.

Je dois y aller avec lui. Ça n'est pas bon signe. Une fois chez moi, je sors l'aspirateur et fais le hall.

Je ne veux pas être avec tous ces gens ce soir, et en plus, j'y suis déjà allé une ou deux fois. Je n'ai pas le choix ; j'ai déjà dit que j'irais là-bas. Avec ce qui s'est passé hier, je sais qu'ils ont tous le bombardement en tête. Ça s'est passé loin de nous, et c'est loin d'être fini. Cela ne les gêne pas de tout voir sous cet angle, mais moi je ne peux pas. Alors je vais être ivre mort, même si je sais que ça n'est pas bien. Je me lève et me rends au dîner. Bien sûr, tous les plats du menu sont avec champignon.

Rien de bon pour moi ce soir. Ça ne va pas m'aider. En face de moi à la table, un ami de Ben a un carnet et fait un dessin que je ne peux pas voir de là où je suis.

Je vais à côté de lui pour voir. On dirait un dromadaire ; il est très mal fait donc je ne lui dis rien. Les gens venus pour la fête de Ben sont tous déjà amis, et je suis le plus âgé. Bref, ça n'est pas une super soirée. Je fais de mon mieux, mais il est clair que je suis un extraterrestre pour eux.

Je n'ai qu'une hâte : que le repas soit fini pour que je rentre chez moi. Je sais, je suis là pour Ben, c'est mon ami. C'est juste que je ne me sens pas à l'aise. Mon plat est servi, ça n'est pas trop tôt. Du bout de ma fourchette, je joue avec mon chou.

Je ne suis pas à ma place ici. Je ne sais pas ce qui est prévu pour après le dîner. Tant que ça se finit vite, ça me va.

Je vois que l'ami de Ben a posé son carnet.

Il a fait un drôle de gribouillage. Lui non plus ne parle pas trop. Je ne sais pas où Ben l'a connu, ça n'est pas très clair. En tout cas, il a l'air un peu fou. Je note un son sourd au loin, un peu plus fort que le son des voix à côté de moi. Ça vient du toit et je pense à un hélicoptère, mais je ne vois pas ce qu'il fait ici, si loin de la ville.

Il est rusé. Je ne sais pas où elle est. Paul ne m'a rien dit à ce sujet. Cinq jours plus tard, une amie vient et elle me dit qu'elle l'a vue dans un van à côté de chez elle, tard le soir. Son kidnapping a eu lieu il y a six jours. Cet appel, cette drôle de voix, et je sais que ce n'est pas un de ses gags. Je n'ai pas le choix, je dois payer, mais rien ne va assez vite. Et le pire, c'est que je suis seul en face de tout ça, car ses amis, sa mère et son père ne sont pas là. C'est un labyrinthe où j'erre dans le noir.

À côté de ça, Paul veut aller sur l'île pour voir où elle peut être. Il est sûr qu'elle est là-bas. Je n'ai rien de mieux à faire, alors je le suis.

Une fois sur l'île, il nous faut une montgolfière pour tout voir d'en haut. Mais il n'y rien. Le soir est là, et de nuit je ne peux rien faire. Sous un ciel sans lune, je suis la côte. Sans but, je suis les rues et vois que je suis en face de chez moi. Je suis noctambule et je ne sais pas où je vais.

Je ne vois rien non plus. De nuit, sans le savoir, je dors sans fermer les yeux. En plus de ça, un ami m'a dit que je parle dans mes rêves. Il est tôt, mais je vais tout de suite au lit. Je dois être prêt pour les Jeux Olympiques.

Cette nuit-là, je ne rêve pas, et quand je me lève le jour d'après, je ne sais pas où je suis.

Je vois mon lit, ma veste sur le sol, la table à côté de moi.

Puis je vois le portemanteau dans le coin de la pièce, et je sais que je suis chez moi. C'est le jour du test et il ne faut pas que je le rate. J'avoue que j'ai un peu le trac, bien que je sois prêt. En tout cas, c'est ce que je crois. Le test ne doit pas être trop dur. Après le questionnaire, je vais chez l'un de mes amis, Ben, qui vit à côté du lycée.

Il n'y a pas grand chose à faire chez lui, mais on parle de tout et de rien, on passe le temps.

Le soir, il voit que son réfrigérateur est vide donc on sort pour un dîner en ville. Il y a un lieu sympa à côté de chez lui.

Dieu en sait plus que moi. Ce soir, je dois voir mon amie Anne. Cela fait un an qu'on ne s'est pas vu. Elle vit à Paris.

En plus de ça, on a peu de temps libre. Avant qu'elle ne soit là, je range un peu et passe l'aspirateur. Puis je vais à la gare. Son train n'est pas là, et je vais dans un café à côté pour tuer le temps. Je vois une fille en train de se servir au bar. Sur la table à côté d'elle, il y a un livre dont le titre parle du bombardement qui a eu lieu à Alger cet été. Son amie porte une robe bleue et d'un coup d'oeil furtif, je note qu'elle fixe le mur en face d'elle.

Un vieux poster en noir et blanc, avec au centre un gros champignon. La scène se passe dans un désert, un océan de sable brun avec une oasis que l'on peut voir au loin.

Le texte sur le poster est en arabe, je ne peux pas le lire. Il n'y a pas âme qui vive dans ce désert, à part, figé près d'un point d'eau, un dromadaire. Sur l'autre mur se trouve une autre image, cette fois une scène dans le futur. Le ciel n'est pas comme le nôtre, il est violet, avec trois lunes.

On dirait un de ces posters pas chers pour fans de Star Wars, ou ce type de film. Un extraterrestre est assis sur le sol. Il est de dos, mais je peux voir ses grands yeux noirs de profil. Ce dessin n'est pas à mon goût.

Je vais au bar pour payer. À la table en face de moi, un client lâche sa fourchette, qui tinte sur la table.

Si son train est à l'heure, Anne sera là dans peu de temps.

Je paie et je pars sans tarder. Le thé que j'ai pris est hors de prix ; la note que j'ai reçue et que j'ai mise dans ma poche a un gribouillage dans le coin. Dans la gare, tout le monde est pressé. Je fends la foule pour aller sur le bon quai, je ne veux pas être en retard. Au final, je suis trop en avance et le quai est vide.

Je peux voir un hélicoptère passer au-dessus de moi, car le toit de la gare n'est pas fermé. Il va vers la côte.

En plus, je ne suis pas là. La fin est là, et je suis le seul à tout savoir. Ça n'est pas très grave. Je ne dis rien. Bien sûr, Dieu veux en parler avec mon père. Lui au moins a ce qu'il faut pour faire face au kidnapping.

Ce n'est pas le cas de tout le monde. Quoi qu'il en soit, ce n'est pas à moi de leur dire d'y aller ou pas.

Avec la porte fermée, le bruit cesse et je peux enfin dormir.

Dans mon rêve, je suis dans un labyrinthe. Je sais qu'il n'y a pas de sortie. Alors je vais au hasard, pas à pas. La seule chance de sortir d'ici est de faire le mur. Ou alors, de voler hors de ce piège. C'est un rêve, donc il me suffit de penser à une montgolfière pour qu'elle soit là et que je puisse partir. Je vole très haut, dans les nuages.

Chapitre 7

Cela fait un mois déjà. Ben n'est pas là donc je vais chez moi.

Il me dit qu'il doit aller dans ce bar de la rue York pour la fête de ce soir, et que je dois y aller avec lui. Une fois chez moi, je sors l'aspirateur et fais le hall. Je ne veux pas être avec tous ces gens ce soir, et en plus, j'y suis déjà allé une ou deux fois. Je n'ai pas le choix ; j'ai déjà dit que j'irais là-bas. Je ne peux pas ne pas y aller.

Le bombardement s'est passé loin de nous, et c'est loin d'être fini. Cela ne les gêne pas de tout voir sous cet angle.

Alors je vais être ivre mort, même si je sais que ça n'est pas bien. Au dîner, rien de bon pour moi ce soir.

Tous les plats du menu sont avec champignon. Ça ne va pas m'aider. En face de moi à la table, un ami de Ben a un carnet et fait un dessin. Je ne peux pas voir de là où je suis. Je vais à côté de lui pour voir. Il est très mal fait donc je ne lui dis rien, mais on dirait un dromadaire. Les gens venus pour la fête de Ben sont tous déjà amis, et je suis le plus âgé. Bref, ça n'est pas une super soirée. Je fais de mon mieux, mais il est clair que je ne suis pas à ma place ici.

Il faut lui dire. La fin est là, et je suis le seul à le savoir. Ça n'est pas grave. Je ne lui dis rien. C'est mieux qu'il ne voit pas cela.

Bien sûr, je veux en parler avec mon père.

Lui au moins a ce qu'il faut pour faire face au kidnapping. Ce n'est pas le cas de tout le monde. Quoi qu'il en soit, ce n'est pas à moi de leur dire d'aller dans un sens ou dans l'autre. Avec la porte fermée, le bruit cesse et je peux enfin dormir. Dans mon rêve, je suis dans un labyrinthe. Je sais qu'il n'y a pas de sortie. Alors je vais au hasard, pas à pas.

La seule chance de sortir d'ici est de faire le mur. Ou alors, de voler hors de ce piège.

Il me suffit de penser à une montgolfière pour qu'elle soit là (ça n'est qu'un rêve) et que je puisse partir.

Je vole très haut, dans les nuages, mais le son de la ville est là, comme si j'étais en bas. Le rêve change, et cette fois je suis chez moi, à côté de mon lit. Tel un noctambule, je rêve, mais mes yeux ne sont pas fermés. Je me vois rêver dans mon rêve. C'est idiot et ça me fait un peu peur en même temps. Il y a un écran devant moi, sur lequel une ombre court en rond sur une piste rouge. On dirait les Jeux Olympiques de Berlin en 1936. La course n'en finit pas, puis l'image s'en va.

Après ça, l'écran montre une série de photos en noir et blanc. Je les ai toutes déjà vues, je ne sais plus quand et où. Sur une photo, un portemanteau est le seul objet dans la pièce.

Puis, sur la photo d'après, il y a une chaise, avec une table basse à côté. Il y a un papier sur la table, avec un seul mot écrit en gros. Tout le reste a été laissé blanc. Le mot est : questionnaire. Sur la photo d'après, c'est moi que je vois. Je suis en bas, dans le salon, assis par terre.

Il n'y a pas un bruit dans la pièce, tout le monde est parti. Il ne reste plus moi, je suis enfin seul. Je me lève et vais vers le réfrigérateur. Bien sûr, il est vide et il est trop tard pour sortir. Ce n'est pas mon jour de chance.

Mon père, ça ne lui fait rien. Ben est avec son amie donc je pars chez moi un peu plus tôt. Il me dit qu'il doit aller dans ce bar de la rue York pour la fête de ce soir, et que je dois y aller.

Une fois chez moi, je sors l'aspirateur et fais le hall. Je ne veux pas être avec tous ces gens ce soir, et en plus, j'y suis déjà allé une ou deux fois. Je n'ai pas le choix ; j'ai déjà dit que j'irais là-bas. Avec ce qui s'est passé hier, je sais qu'ils ont tous le bombardement en tête.

Ça s'est passé loin de nous, et c'est loin d'être fini. Cela ne les gêne pas de tout voir sous cet angle, mais moi je ne peux pas. Alors je vais être ivre mort, et je sais que ça n'est pas bien. Au dîner, tous les plats du menu sont avec champignon.

Rien de bon pour moi ce soir. Ça ne va pas m'aider. En face de moi à la table, un ami de Ben a un carnet et fait un dessin.

Je ne peux pas voir de là où je suis.

Je vais à côté de lui pour voir. On dirait un dromadaire ; il est très mal fait donc je ne lui dis rien. Les gens venus pour la fête de Ben sont tous déjà amis, et je suis le plus âgé. Bref, ça n'est pas une super soirée. Je fais de mon mieux, mais il est clair que je ne suis pas à ma place ici. Je suis un extraterrestre pour eux.

Je n'ai qu'une hâte : que le repas soit fini pour que je rentre chez moi. Je sais, je suis là pour Ben, c'est mon ami.

Du bout de ma fourchette, je joue avec le chou que je n'aime pas. C'est juste que je ne me sens pas à l'aise.

Je ne sais pas ce qui est prévu pour après le dîner. Tant que ça se finit vite, ça me va. Je vois que l'ami de Ben (son nom est Marc) a posé son carnet. Il a fait un drôle de gribouillage. Lui non plus ne parle pas trop. Je ne sais pas où Ben l'a connu, ça n'est pas très clair. En tout cas, il a l'air un peu fou. Je note un son sourd au loin, un peu plus fort que le son des voix à côté de moi. Ça vient du toit et je pense à un hélicoptère, mais je ne vois pas ce qu'il fait ici, si loin de la ville.

Deux fois de trop. Je ne sais pas où elle est. Eux non plus. Paul ne m'a rien dit. Cinq jours après, je reçois un appel de mon ami, qui me dit l'avoir vue dans un van près de chez elle, tard le soir. Son kidnapping a eu lieu il y a six jours.

Cet appel, cette drôle de voix, et je sais que ce n'est pas un de ses gags.

Je n'ai pas le choix, je dois payer, mais rien ne va assez vite.

C'est un labyrinthe où j'erre dans le noir. Et le pire, c'est que je suis seul en face de tout ça, car ses amis, sa mère et son père ne sont pas là. À côté de ça, Paul veut aller sur l'île pour voir où elle peut être. Il est sûr qu'elle est là-bas. Une fois sur l'île, il nous faut une montgolfière pour tout voir d'en haut. Je n'ai rien de mieux à faire, alors je le suis.

Mais il n'y rien. Le soir est là, et de nuit je ne peux rien faire. Sous un ciel sans lune, je suis la côte.

Je suis noctambule et je ne sais pas où je vais. Je ne vois rien non plus.

Sans but, je suis les rues et vois que je suis en face de chez moi. Il est tôt, mais je vais tout de suite au lit. Je dois être prêt pour les Jeux Olympiques. De nuit, sans le savoir, je dors sans fermer les yeux. C'est un ami, un jour, qui m'a dit ça. En plus de ça, il m'a dit que je parle dans mes rêves. Cette nuit-là, je ne rêve pas, et quand je me lève le jour d'après, je ne sais pas où je suis. Puis je vois le portemanteau dans le coin de la pièce, et je sais que je suis chez moi.

C'est le jour du test et il ne faut pas que je le rate. J'avoue que j'ai un peu le trac, bien que je sois prêt. En tout cas, c'est ce que je crois. Le questionnaire ne doit pas être trop dur.

Après ça, je vais chez l'un de mes amis, Ben, qui vit à côté du lycée. Il n'y a pas grand chose à faire chez lui, mais on parle de tout et de rien, on passe le temps. Le soir, il voit que son réfrigérateur est vide donc on sort pour un dîner en ville. Il y a un lieu sympa à côté de chez lui.

Mon père est là. Ce soir, je dois voir mon amie Anne. Cela fait plus d'un an qu'on ne s'est pas vu. Elle vit à Paris, et moi je suis dans le Sud. En plus de ça, on a peu de temps libre. Avant qu'elle ne soit là, je range un peu et passe l'aspirateur. Puis je vais à la gare.

Son train n'est pas là, et je vais dans un café à côté pour tuer le temps. Sur la table à côté de moi, il y a un livre dont le titre parle du bombardement qui a eu lieu à Alger cet été. Je vois une fille en train de se servir au bar.

Son amie porte une robe bleue et d'un coup d'oeil furtif, je note qu'elle fixe le mur en face d'elle.

Un vieux poster avec un gros champignon au centre.

Le poster est en noir et blanc. La scène se passe dans un désert, un océan de sable brun avec une oasis que l'on peut voir au loin. Il n'y a pas âme qui vive dans ce désert, à part un dromadaire qui est figé près d'un point d'eau. Le texte sur le poster est en arabe, je ne peux pas le lire. Sur l'autre mur se trouve une autre image, cette fois une scène dans le futur.

Le ciel n'est pas comme le nôtre, il est violet, avec trois lunes. Un extraterrestre est assis sur le sol.

Il est de dos, mais je peux voir ses grands yeux noirs de profil. Ce dessin n'est pas à mon goût.

On dirait un de ces posters pas chers pour fans de Star Wars, ou ce type de film. Un client lâche sa fourchette, elle tinte sur la table en face de moi. Je vais au bar pour payer. Si son train est à l'heure, Anne sera là dans peu de temps et je dois aller à la gare. Le thé que j'ai pris est hors de prix ; la note que je reçois a un gribouillage dans le coin. Je paie et je pars sans tarder. Dans la gare, tout le monde est pressé. Je fends la foule pour aller sur le bon quai.

Le toit de la gare n'est pas fermé et je peux voir un hélicoptère passer au-dessus de moi. Il va vers la côte et vole assez bas.

Bien plus fou que ça. La fin est là, et je suis le seul à le savoir. Ça n'est pas grave. Je ne leur dis rien et les laisse subir mon jeu. Bien sûr, je veux en parler avec mon père. Lui au moins a ce qu'il faut pour faire face au kidnapping. Ce n'est pas le cas de tout le monde. Quoi qu'il en soit, ce n'est pas à moi de leur dire d'aller dans un sens ou dans l'autre.

Avec la porte fermée, le bruit cesse et je peux enfin dormir. Dans mon rêve, je suis dans un labyrinthe.

Je sais qu'il n'y a pas de sortie. Alors je vais au hasard, pas à pas. La seule chance de sortir d'ici est de faire le mur.

Ou alors, de voler hors de ce piège. C'est un rêve, donc il me suffit de penser à une montgolfière pour qu'elle soit là et que je puisse partir. Je vole très haut, dans les nuages, mais le son de la ville est là, comme si j'étais en bas. Le rêve change, et cette fois je suis chez moi, à côté de mon lit. Je rêve, mais mes yeux ne sont pas fermés, tel un noctambule. Je me vois rêver dans mon rêve. C'est idiot et ça me fait un peu peur en même temps.

Il y a un écran devant moi, sur lequel une ombre court en rond sur une piste rouge. On dirait les Jeux Olympiques de Berlin en 1936. La course n'en finit pas, puis l'image s'en va.

Après ça, l'écran montre une série de photos en noir et blanc. Je les ai toutes déjà vues, je ne sais plus quand et où. Sur une photo, un portemanteau vide est le seul objet que l'on peut voir dans la pièce. Puis il y a une chaise, avec une table basse à côté.

Il y a un papier sur la table, avec un seul mot d'écrit en gros. Tout le reste a été laissé blanc. Le mot est Questionnaire. Sur la photo d'après, c'est moi que je vois. Je suis en bas, dans le salon, assis par terre.

Il n'y a pas un bruit dans la pièce, tout le monde est parti. Il ne reste plus moi. Je me lève et vais vers le réfrigérateur.

Bien sûr, il est vide et il est trop tard pour sortir.

Bien pire que ça. Ben est avec son amie donc je pars chez moi un peu plus tôt. Il doit aller dans ce bar de la rue York ce soir.

Je dois y aller avec lui. Ça n'est pas bon signe. Une fois chez moi, je sors l'aspirateur et fais le hall.

Je ne veux pas être avec tous ces gens ce soir, et en plus, j'y suis déjà allé une ou deux fois. Je n'ai pas le choix ; j'ai déjà dit que j'irais là-bas. Avec ce qui s'est passé hier, je sais qu'ils ont tous le bombardement en tête. Ça s'est passé loin de nous, et c'est loin d'être fini. Cela ne les gêne pas de tout voir sous cet angle, mais moi je ne peux pas. Alors je vais être ivre mort, même si je sais que ça n'est pas bien. Je me lève et me rends au dîner. Bien sûr, tous les plats du menu sont avec champignon.

Rien de bon pour moi ce soir. Ça ne va pas m'aider. En face de moi à la table, un ami de Ben a un carnet et fait un dessin que je ne peux pas voir de là où je suis.

Je vais à côté de lui pour voir. On dirait un dromadaire ; il est très mal fait donc je ne lui dis rien. Les gens venus pour la fête de Ben sont tous déjà amis, et je suis le plus âgé. Bref, ça n'est pas une super soirée. Je fais de mon mieux, mais il est clair que je suis un extraterrestre pour eux.

Je n'ai qu'une hâte : que le repas soit fini pour que je rentre chez moi. Je sais, je suis là pour Ben, c'est mon ami. C'est juste que je ne me sens pas à l'aise. Mon plat est servi, ça n'est pas trop tôt. Du bout de ma fourchette, je joue avec mon chou.

Je ne suis pas à ma place ici. Je ne sais pas ce qui est prévu pour après le dîner. Tant que ça se finit vite, ça me va.

Je vois que l'ami de Ben a posé son carnet.

Il a fait un drôle de gribouillage. Lui non plus ne parle pas trop. Je ne sais pas où Ben l'a connu, ça n'est pas très clair. En tout cas, il a l'air un peu fou. Je note un son sourd au loin, un peu plus fort que le son des voix à côté de moi. Ça vient du toit et je pense à un hélicoptère, mais je ne vois pas ce qu'il fait ici, si loin de la ville.

Deux fois rien. Je ne sais pas où elle est. Paul ne m'a rien dit à ce sujet. Cinq jours plus tard, je reçois un appel d'un ami. Bien. Il me dit qu'il l'a vue dans un van à côté de chez elle, tard le soir. Son kidnapping a eu lieu il y a six jours. Cet appel, cette drôle de voix, et je sais que ce n'est pas un de ses gags. Je n'ai pas le choix, je dois payer, mais rien ne va assez vite. Et le pire, c'est que je suis seul en face de tout ça, car ses amis ne sont pas là. C'est un labyrinthe où j'erre dans le noir.

À côté de ça, Paul veut aller sur l'île pour voir où elle peut être. Il est sûr qu'elle est là-bas. Je n'ai rien de mieux à faire, alors je le suis.

Une fois sur l'île, il nous faut une montgolfière pour tout voir d'en haut. Mais il n'y rien. Le soir est là, et de nuit je ne peux rien faire. Sous un ciel sans lune, je suis la côte. Sans but, je suis les rues et vois que je suis en face de chez moi. Je suis noctambule et je ne sais pas où je vais.

Je ne vois rien non plus. De nuit, sans le savoir, je dors sans fermer les yeux. En plus de ça, un ami m'a dit que je parle dans mes rêves. Il est tôt, mais je vais tout de suite au lit. Je dois être prêt pour les Jeux Olympiques.

Cette nuit-là, je ne rêve pas, et quand je me lève le jour d'après, je ne sais pas où je suis.

Je vois mon lit, ma veste sur le sol, la table à côté de moi.

Puis je vois le portemanteau dans le coin de la pièce, et je sais que je suis chez moi. C'est le jour du test et il ne faut pas que je le rate. J'avoue que j'ai un peu le trac, bien que je sois prêt. En tout cas, c'est ce que je crois. Le test ne doit pas être trop dur. Après le questionnaire, je vais chez l'un de mes amis, Ben, qui vit à côté du lycée.

Il n'y a pas grand chose à faire chez lui, mais on parle de tout et de rien, on passe le temps.

Le soir, il voit que son réfrigérateur est vide donc on sort pour un dîner en ville. Il y a un lieu sympa à côté de chez lui.

Cela fait si peu. Ce soir, je dois voir mon amie Anne. Cela fait plus d'un an qu'on ne s'est pas vu. Elle vit à Paris.

En plus de ça, on a peu de temps libre. Avant qu'elle ne soit là, je range un peu et passe l'aspirateur. Puis je vais à la gare. Son train n'est pas là, et je vais dans un café à côté pour tuer le temps. Je vois une fille en train de se servir au bar. Sur la table à côté d'elle, il y a un livre dont le titre parle du bombardement qui a eu lieu à Alger cet été. Son amie porte une robe bleue et d'un coup d'oeil furtif, je note qu'elle fixe le mur en face d'elle.

Un vieux poster en noir et blanc, avec au centre un gros champignon. La scène se passe dans un désert, un océan de sable brun avec une oasis que l'on peut voir au loin.

Le texte sur le poster est en arabe, je ne peux pas le lire. Il n'y a pas âme qui vive dans ce désert, à part, figé près d'un point d'eau, un dromadaire. Sur l'autre mur se trouve une autre image, cette fois une scène dans le futur. Le ciel n'est pas comme le nôtre, il est violet, avec trois lunes.

On dirait un de ces posters pas chers pour fans de Star Wars, ou ce type de film. Un extraterrestre est assis sur le sol. Il est de dos, mais je peux voir ses grands yeux noirs de profil. Ce dessin n'est pas à mon goût.

Je vais au bar pour payer. À la table en face de moi, un client lâche sa fourchette, qui tinte sur la table.

Si son train est à l'heure, Anne sera là dans peu de temps.

Je paie et je pars sans tarder. Le thé que j'ai pris est hors de prix ; la note que j'ai reçue et que j'ai mise dans ma poche a un gribouillage dans le coin. Dans la gare, tout le monde est pressé. Je fends la foule pour aller sur le bon quai, je ne veux pas être en retard. Au final, je suis trop en avance et le quai est vide.

Je peux voir un hélicoptère passer au-dessus de moi, car le toit de la gare n'est pas fermé. Il va vers la côte.

À quoi tu joues ? La fin est là, et je suis le seul parmi eux à savoir. Ça n'est pas très grave. Je ne leur dis rien de tout cela, et les laisse faire ce qu'ils ont à faire. Bien sûr, je veux en parler avec mon père. Il a ce qu'il faut pour faire face au kidnapping.

Ce n'est pas le cas de tout le monde. Quoi qu'il en soit, ce n'est pas à moi de leur dire d'y aller ou pas.

Avec la porte fermée, le bruit cesse et je peux enfin dormir.

Dans mon rêve, je suis dans un labyrinthe. Je sais qu'il n'y a pas de sortie. Alors je vais au hasard, pas à pas. La seule chance de sortir d'ici est de faire le mur. Ou alors, de voler hors de ce piège. C'est un rêve, donc il me suffit de penser à une montgolfière pour qu'elle soit là et que je puisse partir. Je vole très haut, dans les nuages.

Chapitre 8

Leur quête a pris fin. Ben n'est pas là donc je vais chez moi.

Il me dit qu'il doit aller dans ce bar de la rue York pour la fête de ce soir, et que je dois y aller avec lui. Une fois chez moi, je sors l'aspirateur et fais le hall. Je ne veux pas être avec tous ces gens ce soir, et en plus, j'y suis déjà allé une ou deux fois. Je n'ai pas le choix ; j'ai déjà dit que j'irais là-bas. Je ne peux pas ne pas y aller.

Le bombardement s'est passé loin de nous, et c'est loin d'être fini. Cela ne les gêne pas de tout voir sous cet angle.

Alors je vais être ivre mort, même si je sais que ça n'est pas bien. Au dîner, rien de bon pour moi ce soir.

Tous les plats du menu sont avec champignon. Ça ne va pas m'aider. En face de moi à la table, un ami de Ben a un carnet et fait un dessin. Je ne peux pas voir de là où je suis. Je vais à côté de lui pour voir. Il est très mal fait donc je ne lui dis rien, mais on dirait un dromadaire. Les gens venus pour la fête de Ben sont tous déjà amis, et je suis le plus âgé. Bref, ça n'est pas une super soirée. Je fais de mon mieux, mais il est clair que je ne suis pas à ma place ici.

À quoi bon ? La fin est là, et je suis le seul à le savoir. Ça n'est pas très grave. Je n'aime pas mon idée donc je suis la leur.

Bien sûr, je veux en parler avec mon père.

Lui au moins a ce qu'il faut pour faire face au kidnapping. Ce n'est pas le cas de tout le monde. Quoi qu'il en soit, ce n'est pas à moi de leur dire d'aller dans un sens ou dans l'autre. Avec la porte fermée, le bruit cesse et je peux enfin dormir. Dans mon rêve, je suis dans un labyrinthe. Je sais qu'il n'y a pas de sortie. Alors je vais au hasard, pas à pas.

La seule chance de sortir d'ici est de faire le mur. Ou alors, de voler hors de ce piège.

Il me suffit de penser à une montgolfière pour qu'elle soit là (ça n'est qu'un rêve) et que je puisse partir.

Je vole très haut, dans les nuages, mais le son de la ville est là, comme si j'étais en bas. Le rêve change, et cette fois je suis chez moi, à côté de mon lit. Tel un noctambule, je rêve, mais mes yeux ne sont pas fermés. Je me vois rêver dans mon rêve. C'est idiot et ça me fait un peu peur en même temps. Il y a un écran devant moi, sur lequel une ombre court en rond sur une piste rouge. On dirait les Jeux Olympiques de Berlin en 1936. La course n'en finit pas, puis l'image s'en va.

Après ça, l'écran montre une série de photos en noir et blanc. Je les ai toutes déjà vues, je ne sais plus quand et où. Sur une photo, un portemanteau est le seul objet dans la pièce.

Puis, sur la photo d'après, il y a une chaise, avec une table basse à côté. Il y a un papier sur la table, avec un seul mot écrit en gros. Tout le reste a été laissé blanc. Le mot est : questionnaire. Sur la photo d'après, c'est moi que je vois. Je suis en bas, dans le salon, assis par terre.

Il n'y a pas un bruit dans la pièce, tout le monde est parti. Il ne reste plus moi, je suis enfin seul. Je me lève et vais vers le réfrigérateur. Bien sûr, il est vide et il est trop tard pour sortir. Ce n'est pas mon jour de chance.

Bien que cela ne soit pas vrai. Ben est avec son amie donc je pars chez moi un peu plus tôt. Il doit aller dans ce bar de la rue York pour la fête de ce soir, et que je dois y aller avec lui.

Une fois chez moi, je sors l'aspirateur et fais le hall. Je ne veux pas être avec tous ces gens ce soir, et en plus, j'y suis déjà allé une ou deux fois. Je n'ai pas le choix ; j'ai déjà dit que j'irais là-bas. Avec ce qui s'est passé hier, je sais qu'ils ont tous le bombardement en tête.

Ça s'est passé loin de nous, et c'est loin d'être fini. Cela ne les gêne pas de tout voir sous cet angle, mais moi je ne peux pas. Alors je vais être ivre mort, et je sais que ça n'est pas bien. Au dîner, tous les plats du menu sont avec champignon.

Rien de bon pour moi ce soir. Ça ne va pas m'aider. En face de moi à la table, un ami de Ben a un carnet et fait un dessin.

Je ne peux pas voir de là où je suis.

Je vais à côté de lui pour voir. On dirait un dromadaire ; il est très mal fait donc je ne lui dis rien. Les gens venus pour la fête de Ben sont tous déjà amis, et je suis le plus âgé. Bref, ça n'est pas une super soirée. Je fais de mon mieux, mais il est clair que je ne suis pas à ma place ici. Je suis un extraterrestre pour eux.

Je n'ai qu'une hâte : que le repas soit fini pour que je rentre chez moi. Je sais, je suis là pour Ben, c'est mon ami.

Du bout de ma fourchette, je joue avec le chou que je n'aime pas. C'est juste que je ne me sens pas à l'aise.

Je ne sais pas ce qui est prévu pour après le dîner. Tant que ça se finit vite, ça me va. Je vois que l'ami de Ben (son nom est Marc) a posé son carnet. Il a fait un drôle de gribouillage. Lui non plus ne parle pas trop. Je ne sais pas où Ben l'a connu, ça n'est pas très clair. En tout cas, il a l'air un peu fou. Je note un son sourd au loin, un peu plus fort que le son des voix à côté de moi. Ça vient du toit et je pense à un hélicoptère, mais je ne vois pas ce qu'il fait ici, si loin de la ville.

Ce goût n'est pas pour moi. Je ne sais pas où elle est. Paul ne m'a rien dit du tout. Cinq jours après, je reçois un appel. Bien. Un ami me dit qu'il l'a vue dans un van à côté de chez elle, tard le soir. Son kidnapping a eu lieu il y a six jours.

Cet appel, cette drôle de voix, et je sais que ce n'est pas un de ses gags.

Je n'ai pas le choix, je dois payer, mais rien ne va assez vite.

C'est un labyrinthe où j'erre dans le noir. Et le pire, c'est que je suis seul en face de tout ça, car ses amis, sa mère et son père ne sont pas là. À côté de ça, Paul veut aller sur l'île pour voir où elle peut être. Il est sûr qu'elle est là-bas. Une fois sur l'île, il nous faut une montgolfière pour tout voir d'en haut. Je n'ai rien de mieux à faire, alors je le suis.

Mais il n'y rien. Le soir est là, et de nuit je ne peux rien faire. Sous un ciel sans lune, je suis la côte.

Je suis noctambule et je ne sais pas où je vais. Je ne vois rien non plus.

Sans but, je suis les rues et vois que je suis en face de chez moi. Il est tôt, mais je vais tout de suite au lit. Je dois être prêt pour les Jeux Olympiques. De nuit, sans le savoir, je dors sans fermer les yeux. C'est un ami, un jour, qui m'a dit ça. En plus de ça, il m'a dit que je parle dans mes rêves. Cette nuit-là, je ne rêve pas, et quand je me lève le jour d'après, je ne sais pas où je suis. Puis je vois le portemanteau dans le coin de la pièce, et je sais que je suis chez moi.

C'est le jour du test et il ne faut pas que je le rate. J'avoue que j'ai un peu le trac, bien que je sois prêt. En tout cas, c'est ce que je crois. Le questionnaire ne doit pas être trop dur.

Après ça, je vais chez l'un de mes amis, Ben, qui vit à côté du lycée. Il n'y a pas grand chose à faire chez lui, mais on parle de tout et de rien, on passe le temps. Le soir, il voit que son réfrigérateur est vide donc on sort pour un dîner en ville. Il y a un lieu sympa à côté de chez lui.

Être gai ou ne pas être Ce soir, je dois voir mon amie Anne. Cela fait plus d'un an qu'on ne s'est pas vu. Elle vit à Paris, et moi je suis dans le Sud. En plus de ça, on a peu de temps libre. Avant qu'elle ne soit là, je range un peu et passe l'aspirateur. Puis je vais à la gare.

Son train n'est pas là, et je vais dans un café à côté pour tuer le temps. Sur la table à côté de moi, il y a un livre dont le titre parle du bombardement qui a eu lieu à Alger cet été. Je vois une fille en train de se servir au bar.

Son amie porte une robe bleue et d'un coup d'oeil furtif, je note qu'elle fixe le mur en face d'elle.

Un vieux poster avec un gros champignon au centre.

Le poster est en noir et blanc. La scène se passe dans un désert, un océan de sable brun avec une oasis que l'on peut voir au loin. Il n'y a pas âme qui vive dans ce désert, à part un dromadaire qui est figé près d'un point d'eau. Le texte sur le poster est en arabe, je ne peux pas le lire. Sur l'autre mur se trouve une autre image, cette fois une scène dans le futur.

Le ciel n'est pas comme le nôtre, il est violet, avec trois lunes. Un extraterrestre est assis sur le sol.

Il est de dos, mais je peux voir ses grands yeux noirs de profil. Ce dessin n'est pas à mon goût.

On dirait un de ces posters pas chers pour fans de Star Wars, ou ce type de film. Un client lâche sa fourchette, elle tinte sur la table en face de moi. Je vais au bar pour payer. Si son train est à l'heure, Anne sera là dans peu de temps et je dois aller à la gare. Le thé que j'ai pris est hors de prix ; la note que je reçois a un gribouillage dans le coin. Je paie et je pars sans tarder. Dans la gare, tout le monde est pressé. Je fends la foule pour aller sur le bon quai.

Le toit de la gare n'est pas fermé et je peux voir un hélicoptère passer au-dessus de moi. Il va vers la côte et vole assez bas.

Et que fais-tu de ça ? La fin est là, et je suis le seul à le savoir. Ça n'est pas très grave. Je ne leur dis rien et je les laisse être tels qu'ils sont. Bien sûr, je veux en parler avec mon père. Lui au moins a ce qu'il faut pour faire face au kidnapping. Ce n'est pas le cas de tout le monde. Quoi qu'il en soit, ce n'est pas à moi de leur dire d'aller dans un sens ou dans l'autre.

Avec la porte fermée, le bruit cesse et je peux enfin dormir. Dans mon rêve, je suis dans un labyrinthe.

Je sais qu'il n'y a pas de sortie. Alors je vais au hasard, pas à pas. La seule chance de sortir d'ici est de faire le mur.

Ou alors, de voler hors de ce piège. C'est un rêve, donc il me suffit de penser à une montgolfière pour qu'elle soit là et que je puisse partir. Je vole très haut, dans les nuages, mais le son de la ville est là, comme si j'étais en bas. Le rêve change, et cette fois je suis chez moi, à côté de mon lit. Je rêve, mais mes yeux ne sont pas fermés, tel un noctambule. Je me vois rêver dans mon rêve. C'est idiot et ça me fait un peu peur en même temps.

Il y a un écran devant moi, sur lequel une ombre court en rond sur une piste rouge. On dirait les Jeux Olympiques de Berlin en 1936. La course n'en finit pas, puis l'image s'en va.

Après ça, l'écran montre une série de photos en noir et blanc. Je les ai toutes déjà vues, je ne sais plus quand et où. Sur une photo, un portemanteau vide est le seul objet que l'on peut voir dans la pièce. Puis il y a une chaise, avec une table basse à côté.

Il y a un papier sur la table, avec un seul mot d'écrit en gros. Tout le reste a été laissé blanc. Le mot est Questionnaire. Sur la photo d'après, c'est moi que je vois. Je suis en bas, dans le salon, assis par terre.

Il n'y a pas un bruit dans la pièce, tout le monde est parti. Il ne reste plus moi. Je me lève et vais vers le réfrigérateur.

Bien sûr, il est vide et il est trop tard pour sortir.

Avec quel goût ? Ben est avec son amie donc je pars chez moi un peu plus tôt. Il doit aller dans ce bar de la rue York ce soir.

Je dois y aller avec lui. Ça n'est pas bon signe. Une fois chez moi, je sors l'aspirateur et fais le hall.

Je ne veux pas être avec tous ces gens ce soir, et en plus, j'y suis déjà allé une ou deux fois. Je n'ai pas le choix ; j'ai déjà dit que j'irais là-bas. Avec ce qui s'est passé hier, je sais qu'ils ont tous le bombardement en tête. Ça s'est passé loin de nous, et c'est loin d'être fini. Cela ne les gêne pas de tout voir sous cet angle, mais moi je ne peux pas. Alors je vais être ivre mort, même si je sais que ça n'est pas bien. Je me lève et me rends au dîner. Bien sûr, tous les plats du menu sont avec champignon.

Rien de bon pour moi ce soir. Ça ne va pas m'aider. En face de moi à la table, un ami de Ben a un carnet et fait un dessin que je ne peux pas voir de là où je suis.

Je vais à côté de lui pour voir. On dirait un dromadaire ; il est très mal fait donc je ne lui dis rien. Les gens venus pour la fête de Ben sont tous déjà amis, et je suis le plus âgé. Bref, ça n'est pas une super soirée. Je fais de mon mieux, mais il est clair que je suis un extraterrestre pour eux.

Je n'ai qu'une hâte : que le repas soit fini pour que je rentre chez moi. Je sais, je suis là pour Ben, c'est mon ami. C'est juste que je ne me sens pas à l'aise. Mon plat est servi, ça n'est pas trop tôt. Du bout de ma fourchette, je joue avec mon chou.

Je ne suis pas à ma place ici. Je ne sais pas ce qui est prévu pour après le dîner. Tant que ça se finit vite, ça me va.

Je vois que l'ami de Ben a posé son carnet.

Il a fait un drôle de gribouillage. Lui non plus ne parle pas trop. Je ne sais pas où Ben l'a connu, ça n'est pas très clair. En tout cas, il a l'air un peu fou. Je note un son sourd au loin, un peu plus fort que le son des voix à côté de moi. Ça vient du toit et je pense à un hélicoptère, mais je ne vois pas ce qu'il fait ici, si loin de la ville.

Le gros rat est à côté de lui. Je ne sais pas où elle est. Paul ne m'a rien dit à ce sujet. Cinq jours après, je reçois un appel avec un ami, qui me dit qu'il l'a vue dans un van à côté de chez elle, tard le soir. Son kidnapping a eu lieu il y a six jours. Cet appel, cette drôle de voix, et je sais que ce n'est pas un de ses gags. Je n'ai pas le choix, je dois payer, mais rien ne va assez vite. Et le pire, c'est que je suis seul en face de tout ça, car ses amis ne sont pas là. C'est un labyrinthe où j'erre dans le noir.

À côté de ça, Paul veut aller sur l'île pour voir où elle peut être. Il est sûr qu'elle est là-bas. Je n'ai rien de mieux à faire, alors je le suis.

Une fois sur l'île, il nous faut une montgolfière pour tout voir d'en haut. Mais il n'y rien. Le soir est là, et de nuit je ne peux rien faire. Sous un ciel sans lune, je suis la côte. Sans but, je suis les rues et vois que je suis en face de chez moi. Je suis noctambule et je ne sais pas où je vais.

Je ne vois rien non plus. De nuit, sans le savoir, je dors sans fermer les yeux. En plus de ça, un ami m'a dit que je parle dans mes rêves. Il est tôt, mais je vais tout de suite au lit. Je dois être prêt pour les Jeux Olympiques.

Cette nuit-là, je ne rêve pas, et quand je me lève le jour d'après, je ne sais pas où je suis.

Je vois mon lit, ma veste sur le sol, la table à côté de moi.

Puis je vois le portemanteau dans le coin de la pièce, et je sais que je suis chez moi. C'est le jour du test et il ne faut pas que je le rate. J'avoue que j'ai un peu le trac, bien que je sois prêt. En tout cas, c'est ce que je crois. Le test ne doit pas être trop dur. Après le questionnaire, je vais chez l'un de mes amis, Ben, qui vit à côté du lycée.

Il n'y a pas grand chose à faire chez lui, mais on parle de tout et de rien, on passe le temps.

Le soir, il voit que son réfrigérateur est vide donc on sort pour un dîner en ville. Il y a un lieu sympa à côté de chez lui.

Mais qui suis-je ? Ce soir, je dois voir mon amie Anne. Cela fait plus d'un an qu'on ne s'est pas vu. Elle vit à Paris.

En plus de ça, on a peu de temps libre. Avant qu'elle ne soit là, je range un peu et passe l'aspirateur. Puis je vais à la gare. Son train n'est pas là, et je vais dans un café à côté pour tuer le temps. Je vois une fille en train de se servir au bar. Sur la table à côté d'elle, il y a un livre dont le titre parle du bombardement qui a eu lieu à Alger cet été. Son amie porte une robe bleue et d'un coup d'oeil furtif, je note qu'elle fixe le mur en face d'elle.

Un vieux poster en noir et blanc, avec au centre un gros champignon. La scène se passe dans un désert, un océan de sable brun avec une oasis que l'on peut voir au loin.

Le texte sur le poster est en arabe, je ne peux pas le lire. Il n'y a pas âme qui vive dans ce désert, à part, figé près d'un point d'eau, un dromadaire. Sur l'autre mur se trouve une autre image, cette fois une scène dans le futur. Le ciel n'est pas comme le nôtre, il est violet, avec trois lunes.

On dirait un de ces posters pas chers pour fans de Star Wars, ou ce type de film. Un extraterrestre est assis sur le sol. Il est de dos, mais je peux voir ses grands yeux noirs de profil. Ce dessin n'est pas à mon goût.

Je vais au bar pour payer. À la table en face de moi, un client lâche sa fourchette, qui tinte sur la table.

Si son train est à l'heure, Anne sera là dans peu de temps.

Je paie et je pars sans tarder. Le thé que j'ai pris est hors de prix ; la note que j'ai reçue et que j'ai mise dans ma poche a un gribouillage dans le coin. Dans la gare, tout le monde est pressé. Je fends la foule pour aller sur le bon quai, je ne veux pas être en retard. Au final, je suis trop en avance et le quai est vide.

Je peux voir un hélicoptère passer au-dessus de moi, car le toit de la gare n'est pas fermé. Il va vers la côte.

Mais hier, je ne l'ai pas vu. La fin est là, et je suis le seul à savoir tout ça. Ça n'est pas très grave. Je ne leur dis rien. Mais je veux en parler avec mon père. Lui au moins a ce qu'il faut pour faire face au kidnapping.

Ce n'est pas le cas de tout le monde. Quoi qu'il en soit, ce n'est pas à moi de leur dire d'y aller ou pas.

Avec la porte fermée, le bruit cesse et je peux enfin dormir.

Dans mon rêve, je suis dans un labyrinthe. Je sais qu'il n'y a pas de sortie. Alors je vais au hasard, pas à pas. La seule chance de sortir d'ici est de faire le mur. Ou alors, de voler hors de ce piège. C'est un rêve, donc il me suffit de penser à une montgolfière pour qu'elle soit là et que je puisse partir. Je vole très haut, dans les nuages.

Chapitre 9

Après huit ans. Ben n'est pas là donc je vais chez moi.

Il me dit qu'il doit aller dans ce bar de la rue York pour la fête de ce soir, et que je dois y aller avec lui. Une fois chez moi, je sors l'aspirateur et fais le hall. Je ne veux pas être avec tous ces gens ce soir, et en plus, j'y suis déjà allé une ou deux fois. Je n'ai pas le choix ; j'ai déjà dit que j'irais là-bas. Je ne peux pas ne pas y aller.

Le bombardement s'est passé loin de nous, et c'est loin d'être fini. Cela ne les gêne pas de tout voir sous cet angle.

Alors je vais être ivre mort, même si je sais que ça n'est pas bien. Au dîner, rien de bon pour moi ce soir.

Tous les plats du menu sont avec champignon. Ça ne va pas m'aider. En face de moi à la table, un ami de Ben a un carnet et fait un dessin. Je ne peux pas voir de là où je suis. Je vais à côté de lui pour voir. Il est très mal fait donc je ne lui dis rien, mais on dirait un dromadaire. Les gens venus pour la fête de Ben sont tous déjà amis, et je suis le plus âgé. Bref, ça n'est pas une super soirée. Je fais de mon mieux, mais il est clair que je ne suis pas à ma place ici.

Le halo vient sur ma tête. La fin est là, et je suis le seul à savoir. Ça n'est pas grave. Je ne leur dis rien de ce qui vient après.

Bien sûr, je veux en parler avec mon père.

Lui au moins a ce qu'il faut pour faire face au kidnapping. Ce n'est pas le cas de tout le monde. Quoi qu'il en soit, ce n'est pas à moi de leur dire d'aller dans un sens ou dans l'autre. Avec la porte fermée, le bruit cesse et je peux enfin dormir. Dans mon rêve, je suis dans un labyrinthe. Je sais qu'il n'y a pas de sortie. Alors je vais au hasard, pas à pas.

La seule chance de sortir d'ici est de faire le mur. Ou alors, de voler hors de ce piège.

Il me suffit de penser à une montgolfière pour qu'elle soit là (ça n'est qu'un rêve) et que je puisse partir.

Je vole très haut, dans les nuages, mais le son de la ville est là, comme si j'étais en bas. Le rêve change, et cette fois je suis chez moi, à côté de mon lit. Tel un noctambule, je rêve, mais mes yeux ne sont pas fermés. Je me vois rêver dans mon rêve. C'est idiot et ça me fait un peu peur en même temps. Il y a un écran devant moi, sur lequel une ombre court en rond sur une piste rouge. On dirait les Jeux Olympiques de Berlin en 1936. La course n'en finit pas, puis l'image s'en va.

Après ça, l'écran montre une série de photos en noir et blanc. Je les ai toutes déjà vues, je ne sais plus quand et où. Sur une photo, un portemanteau est le seul objet dans la pièce.

Puis, sur la photo d'après, il y a une chaise, avec une table basse à côté. Il y a un papier sur la table, avec un seul mot écrit en gros. Tout le reste a été laissé blanc. Le mot est : questionnaire. Sur la photo d'après, c'est moi que je vois. Je suis en bas, dans le salon, assis par terre.

Il n'y a pas un bruit dans la pièce, tout le monde est parti. Il ne reste plus moi, je suis enfin seul. Je me lève et vais vers le réfrigérateur. Bien sûr, il est vide et il est trop tard pour sortir. Ce n'est pas mon jour de chance.

Déjà huit mois. Ben est avec son amie donc je pars chez moi un peu plus tôt. Il me dit qu'il doit aller dans ce bar de la rue York pour la fête de ce soir, et que je dois y aller avec lui.

Une fois chez moi, je sors l'aspirateur et fais le hall. Je ne veux pas être avec tous ces gens ce soir, et en plus, j'y suis déjà allé une ou deux fois. Je n'ai pas le choix ; j'ai déjà dit que j'irais là-bas. Avec ce qui s'est passé hier, je sais qu'ils ont tous le bombardement en tête.

Ça s'est passé loin de nous, et c'est loin d'être fini. Cela ne les gêne pas de tout voir sous cet angle, mais moi je ne peux pas. Alors je vais être ivre mort, et je sais que ça n'est pas bien. Au dîner, tous les plats du menu sont avec champignon.

Rien de bon pour moi ce soir. Ça ne va pas m'aider. En face de moi à la table, un ami de Ben a un carnet et fait un dessin.

Je ne peux pas voir de là où je suis.

Je vais à côté de lui pour voir. On dirait un dromadaire ; il est très mal fait donc je ne lui dis rien. Les gens venus pour la fête de Ben sont tous déjà amis, et je suis le plus âgé. Bref, ça n'est pas une super soirée. Je fais de mon mieux, mais il est clair que je ne suis pas à ma place ici. Je suis un extraterrestre pour eux.

Je n'ai qu'une hâte : que le repas soit fini pour que je rentre chez moi. Je sais, je suis là pour Ben, c'est mon ami.

Du bout de ma fourchette, je joue avec le chou que je n'aime pas. C'est juste que je ne me sens pas à l'aise.

Je ne sais pas ce qui est prévu pour après le dîner. Tant que ça se finit vite, ça me va. Je vois que l'ami de Ben (son nom est Marc) a posé son carnet. Il a fait un drôle de gribouillage. Lui non plus ne parle pas trop. Je ne sais pas où Ben l'a connu, ça n'est pas très clair. En tout cas, il a l'air un peu fou. Je note un son sourd au loin, un peu plus fort que le son des voix à côté de moi. Ça vient du toit et je pense à un hélicoptère, mais je ne vois pas ce qu'il fait ici, si loin de la ville.

Je ris de toi. Je ne sais pas où elle est. Eux non plus. Paul ne m'a rien dit du tout à ce sujet. Cinq jours après, je reçois déjà un appel d'un ami, qui me dit qu'il l'a vue dans un van près de chez elle. Son kidnapping a eu lieu il y a six jours.

Cet appel, cette drôle de voix, et je sais que ce n'est pas un de ses gags.

Je n'ai pas le choix, je dois payer, mais rien ne va assez vite.

C'est un labyrinthe où j'erre dans le noir. Et le pire, c'est que je suis seul en face de tout ça, car ses amis, sa mère et son père ne sont pas là. À côté de ça, Paul veut aller sur l'île pour voir où elle peut être. Il est sûr qu'elle est là-bas. Une fois sur l'île, il nous faut une montgolfière pour tout voir d'en haut. Je n'ai rien de mieux à faire, alors je le suis.

Mais il n'y rien. Le soir est là, et de nuit je ne peux rien faire. Sous un ciel sans lune, je suis la côte.

Je suis noctambule et je ne sais pas où je vais. Je ne vois rien non plus.

Sans but, je suis les rues et vois que je suis en face de chez moi. Il est tôt, mais je vais tout de suite au lit. Je dois être prêt pour les Jeux Olympiques. De nuit, sans le savoir, je dors sans fermer les yeux. C'est un ami, un jour, qui m'a dit ça. En plus de ça, il m'a dit que je parle dans mes rêves. Cette nuit-là, je ne rêve pas, et quand je me lève le jour d'après, je ne sais pas où je suis. Puis je vois le portemanteau dans le coin de la pièce, et je sais que je suis chez moi.

C'est le jour du test et il ne faut pas que je le rate. J'avoue que j'ai un peu le trac, bien que je sois prêt. En tout cas, c'est ce que je crois. Le questionnaire ne doit pas être trop dur.

Après ça, je vais chez l'un de mes amis, Ben, qui vit à côté du lycée. Il n'y a pas grand chose à faire chez lui, mais on parle de tout et de rien, on passe le temps. Le soir, il voit que son réfrigérateur est vide donc on sort pour un dîner en ville. Il y a un lieu sympa à côté de chez lui.

Elle râle et c'est tout. Ce soir, je dois voir mon amie Anne. Cela fait plus d'un an qu'on ne s'est pas vu. Elle vit à Paris, et moi je suis dans le Sud. En plus de ça, on a peu de temps libre. Avant qu'elle ne soit là, je range un peu et passe l'aspirateur. Puis je vais à la gare.

Son train n'est pas là, et je vais dans un café à côté pour tuer le temps. Sur la table à côté de moi, il y a un livre dont le titre parle du bombardement qui a eu lieu à Alger cet été. Je vois une fille en train de se servir au bar.

Son amie porte une robe bleue et d'un coup d'oeil furtif, je note qu'elle fixe le mur en face d'elle.

Un vieux poster avec un gros champignon au centre.

Le poster est en noir et blanc. La scène se passe dans un désert, un océan de sable brun avec une oasis que l'on peut voir au loin. Il n'y a pas âme qui vive dans ce désert, à part un dromadaire qui est figé près d'un point d'eau. Le texte sur le poster est en arabe, je ne peux pas le lire. Sur l'autre mur se trouve une autre image, cette fois une scène dans le futur.

Le ciel n'est pas comme le nôtre, il est violet, avec trois lunes. Un extraterrestre est assis sur le sol.

Il est de dos, mais je peux voir ses grands yeux noirs de profil. Ce dessin n'est pas à mon goût.

On dirait un de ces posters pas chers pour fans de Star Wars, ou ce type de film. Un client lâche sa fourchette, elle tinte sur la table en face de moi. Je vais au bar pour payer. Si son train est à l'heure, Anne sera là dans peu de temps et je dois aller à la gare. Le thé que j'ai pris est hors de prix ; la note que je reçois a un gribouillage dans le coin. Je paie et je pars sans tarder. Dans la gare, tout le monde est pressé. Je fends la foule pour aller sur le bon quai.

Le toit de la gare n'est pas fermé et je peux voir un hélicoptère passer au-dessus de moi. Il va vers la côte et vole assez bas.

Il rôde, prend garde. La fin est là, et je suis le seul à le savoir. Ça n'est pas grave. Je ne lui dis rien et la laisse faire ce qu'elle veut. Bien sûr, je veux en parler avec mon père. Lui au moins a ce qu'il faut pour faire face au kidnapping. Ce n'est pas le cas de tout le monde. Quoi qu'il en soit, ce n'est pas à moi de leur dire d'aller dans un sens ou dans l'autre.

Avec la porte fermée, le bruit cesse et je peux enfin dormir. Dans mon rêve, je suis dans un labyrinthe.

Je sais qu'il n'y a pas de sortie. Alors je vais au hasard, pas à pas. La seule chance de sortir d'ici est de faire le mur.

Ou alors, de voler hors de ce piège. C'est un rêve, donc il me suffit de penser à une montgolfière pour qu'elle soit là et que je puisse partir. Je vole très haut, dans les nuages, mais le son de la ville est là, comme si j'étais en bas. Le rêve change, et cette fois je suis chez moi, à côté de mon lit. Je rêve, mais mes yeux ne sont pas fermés, tel un noctambule. Je me vois rêver dans mon rêve. C'est idiot et ça me fait un peu peur en même temps.

Il y a un écran devant moi, sur lequel une ombre court en rond sur une piste rouge. On dirait les Jeux Olympiques de Berlin en 1936. La course n'en finit pas, puis l'image s'en va.

Après ça, l'écran montre une série de photos en noir et blanc. Je les ai toutes déjà vues, je ne sais plus quand et où. Sur une photo, un portemanteau vide est le seul objet que l'on peut voir dans la pièce. Puis il y a une chaise, avec une table basse à côté.

Il y a un papier sur la table, avec un seul mot d'écrit en gros. Tout le reste a été laissé blanc. Le mot est Questionnaire. Sur la photo d'après, c'est moi que je vois. Je suis en bas, dans le salon, assis par terre.

Il n'y a pas un bruit dans la pièce, tout le monde est parti. Il ne reste plus moi. Je me lève et vais vers le réfrigérateur.

Bien sûr, il est vide et il est trop tard pour sortir.

Elle rit quand je dis ça. Ben est avec son amie donc je vais chez moi. Il doit aller dans ce bar de la rue York ce soir.

Je dois y aller avec lui. Ça n'est pas bon signe. Une fois chez moi, je sors l'aspirateur et fais le hall.

Je ne veux pas être avec tous ces gens ce soir, et en plus, j'y suis déjà allé une ou deux fois. Je n'ai pas le choix ; j'ai déjà dit que j'irais là-bas. Avec ce qui s'est passé hier, je sais qu'ils ont tous le bombardement en tête. Ça s'est passé loin de nous, et c'est loin d'être fini. Cela ne les gêne pas de tout voir sous cet angle, mais moi je ne peux pas. Alors je vais être ivre mort, même si je sais que ça n'est pas bien. Je me lève et me rends au dîner. Bien sûr, tous les plats du menu sont avec champignon.

Rien de bon pour moi ce soir. Ça ne va pas m'aider. En face de moi à la table, un ami de Ben a un carnet et fait un dessin que je ne peux pas voir de là où je suis.

Je vais à côté de lui pour voir. On dirait un dromadaire ; il est très mal fait donc je ne lui dis rien. Les gens venus pour la fête de Ben sont tous déjà amis, et je suis le plus âgé. Bref, ça n'est pas une super soirée. Je fais de mon mieux, mais il est clair que je suis un extraterrestre pour eux.

Je n'ai qu'une hâte : que le repas soit fini pour que je rentre chez moi. Je sais, je suis là pour Ben, c'est mon ami. C'est juste que je ne me sens pas à l'aise. Mon plat est servi, ça n'est pas trop tôt. Du bout de ma fourchette, je joue avec mon chou.

Je ne suis pas à ma place ici. Je ne sais pas ce qui est prévu pour après le dîner. Tant que ça se finit vite, ça me va.

Je vois que l'ami de Ben a posé son carnet.

Il a fait un drôle de gribouillage. Lui non plus ne parle pas trop. Je ne sais pas où Ben l'a connu, ça n'est pas très clair. En tout cas, il a l'air un peu fou. Je note un son sourd au loin, un peu plus fort que le son des voix à côté de moi. Ça vient du toit et je pense à un hélicoptère, mais je ne vois pas ce qu'il fait ici, si loin de la ville.

Ce rang rare où il était. Je ne sais pas où elle est. Paul ne m'a rien dit. Cinq jours après, je reçois un appel d'une amie. Elle me dit qu'il l'a vue dans un van à côté de chez elle, tard le soir. Son kidnapping a eu lieu il y a six jours. Cet appel, cette drôle de voix, et je sais que ce n'est pas un de ses gags. Je n'ai pas le choix, je dois payer, mais rien ne va assez vite. Et le pire, c'est que je suis seul en face de tout ça, car ses amis ne sont pas là. C'est un labyrinthe où j'erre dans le noir.

À côté de ça, Paul veut aller sur l'île pour voir où elle peut être. Il est sûr qu'elle est là-bas. Je n'ai rien de mieux à faire, alors je le suis.

Une fois sur l'île, il nous faut une montgolfière pour tout voir d'en haut. Mais il n'y rien. Le soir est là, et de nuit je ne peux rien faire. Sous un ciel sans lune, je suis la côte. Sans but, je suis les rues et vois que je suis en face de chez moi. Je suis noctambule et je ne sais pas où je vais.

Je ne vois rien non plus. De nuit, sans le savoir, je dors sans fermer les yeux. En plus de ça, un ami m'a dit que je parle dans mes rêves. Il est tôt, mais je vais tout de suite au lit. Je dois être prêt pour les Jeux Olympiques.

Cette nuit-là, je ne rêve pas, et quand je me lève le jour d'après, je ne sais pas où je suis.

Je vois mon lit, ma veste sur le sol, la table à côté de moi.

Puis je vois le portemanteau dans le coin de la pièce, et je sais que je suis chez moi. C'est le jour du test et il ne faut pas que je le rate. J'avoue que j'ai un peu le trac, bien que je sois prêt. En tout cas, c'est ce que je crois. Le test ne doit pas être trop dur. Après le questionnaire, je vais chez l'un de mes amis, Ben, qui vit à côté du lycée.

Il n'y a pas grand chose à faire chez lui, mais on parle de tout et de rien, on passe le temps.

Le soir, il voit que son réfrigérateur est vide donc on sort pour un dîner en ville. Il y a un lieu sympa à côté de chez lui.

Elle rêve ici. Ce soir, je dois voir mon amie Anne. Cela fait plus d'un an qu'on ne s'est pas vu. Elle vit à Paris.

En plus de ça, on a peu de temps libre. Avant qu'elle ne soit là, je range un peu et passe l'aspirateur. Puis je vais à la gare. Son train n'est pas là, et je vais dans un café à côté pour tuer le temps. Je vois une fille en train de se servir au bar. Sur la table à côté d'elle, il y a un livre dont le titre parle du bombardement qui a eu lieu à Alger cet été. Son amie porte une robe bleue et d'un coup d'oeil furtif, je note qu'elle fixe le mur en face d'elle.

Un vieux poster en noir et blanc, avec au centre un gros champignon. La scène se passe dans un désert, un océan de sable brun avec une oasis que l'on peut voir au loin.

Le texte sur le poster est en arabe, je ne peux pas le lire. Il n'y a pas âme qui vive dans ce désert, à part, figé près d'un point d'eau, un dromadaire. Sur l'autre mur se trouve une autre image, cette fois une scène dans le futur. Le ciel n'est pas comme le nôtre, il est violet, avec trois lunes.

On dirait un de ces posters pas chers pour fans de Star Wars, ou ce type de film. Un extraterrestre est assis sur le sol. Il est de dos, mais je peux voir ses grands yeux noirs de profil. Ce dessin n'est pas à mon goût.

Je vais au bar pour payer. À la table en face de moi, un client lâche sa fourchette, qui tinte sur la table.

Si son train est à l'heure, Anne sera là dans peu de temps.

Je paie et je pars sans tarder. Le thé que j'ai pris est hors de prix ; la note que j'ai reçue et que j'ai mise dans ma poche a un gribouillage dans le coin. Dans la gare, tout le monde est pressé. Je fends la foule pour aller sur le bon quai, je ne veux pas être en retard. Au final, je suis trop en avance et le quai est vide.

Je peux voir un hélicoptère passer au-dessus de moi, car le toit de la gare n'est pas fermé. Il va vers la côte.

Je suis trop loin. La fin est là, et je suis le seul à le savoir. Ça n'est pas grave. Je ne lui dis rien et la laisse faire ce qu'elle veut. Bien sûr, je veux en parler avec mon père. Lui au moins a ce qu'il faut pour faire face au kidnapping.

Ce n'est pas le cas de tout le monde. Quoi qu'il en soit, ce n'est pas à moi de leur dire d'y aller ou pas.

Avec la porte fermée, le bruit cesse et je peux enfin dormir.

Dans mon rêve, je suis dans un labyrinthe. Je sais qu'il n'y a pas de sortie. Alors je vais au hasard, pas à pas. La seule chance de sortir d'ici est de faire le mur. Ou alors, de voler hors de ce piège. C'est un rêve, donc il me suffit de penser à une montgolfière pour qu'elle soit là et que je puisse partir. Je vole très haut, dans les nuages.

Chapitre 10

Avec son aide. Ben n'est pas là donc je vais chez moi.

Il me dit qu'il doit aller dans ce bar de la rue York pour la fête de ce soir, et que je dois y aller avec lui. Une fois chez moi, je sors l'aspirateur et fais le hall. Je ne veux pas être avec tous ces gens ce soir, et en plus, j'y suis déjà allé une ou deux fois. Je n'ai pas le choix ; j'ai déjà dit que j'irais là-bas. Je ne peux pas ne pas y aller.

Le bombardement s'est passé loin de nous, et c'est loin d'être fini. Cela ne les gêne pas de tout voir sous cet angle.

Alors je vais être ivre mort, même si je sais que ça n'est pas bien. Au dîner, rien de bon pour moi ce soir.

Tous les plats du menu sont avec champignon. Ça ne va pas m'aider. En face de moi à la table, un ami de Ben a un carnet et fait un dessin. Je ne peux pas voir de là où je suis. Je vais à côté de lui pour voir. Il est très mal fait donc je ne lui dis rien, mais on dirait un dromadaire. Les gens venus pour la fête de Ben sont tous déjà amis, et je suis le plus âgé. Bref, ça n'est pas une super soirée. Je fais de mon mieux, mais il est clair que je ne suis pas à ma place ici.

Dieu soit loué. La fin est là, et je suis le seul à savoir. Ça n'est pas grave. Je ne leur dis rien, ils sont mieux sans que avec.

Bien sûr, je veux en parler avec mon père.

Lui au moins a ce qu'il faut pour faire face au kidnapping. Ce n'est pas le cas de tout le monde. Quoi qu'il en soit, ce n'est pas à moi de leur dire d'aller dans un sens ou dans l'autre. Avec la porte fermée, le bruit cesse et je peux enfin dormir. Dans mon rêve, je suis dans un labyrinthe. Je sais qu'il n'y a pas de sortie. Alors je vais au hasard, pas à pas.

La seule chance de sortir d'ici est de faire le mur. Ou alors, de voler hors de ce piège.

Il me suffit de penser à une montgolfière pour qu'elle soit là (ça n'est qu'un rêve) et que je puisse partir.

Je vole très haut, dans les nuages, mais le son de la ville est là, comme si j'étais en bas. Le rêve change, et cette fois je suis chez moi, à côté de mon lit. Tel un noctambule, je rêve, mais mes yeux ne sont pas fermés. Je me vois rêver dans mon rêve. C'est idiot et ça me fait un peu peur en même temps. Il y a un écran devant moi, sur lequel une ombre court en rond sur une piste rouge. On dirait les Jeux Olympiques de Berlin en 1936. La course n'en finit pas, puis l'image s'en va.

Après ça, l'écran montre une série de photos en noir et blanc. Je les ai toutes déjà vues, je ne sais plus quand et où. Sur une photo, un portemanteau est le seul objet dans la pièce.

Puis, sur la photo d'après, il y a une chaise, avec une table basse à côté. Il y a un papier sur la table, avec un seul mot écrit en gros. Tout le reste a été laissé blanc. Le mot est : questionnaire. Sur la photo d'après, c'est moi que je vois. Je suis en bas, dans le salon, assis par terre.

Il n'y a pas un bruit dans la pièce, tout le monde est parti. Il ne reste plus moi, je suis enfin seul. Je me lève et vais vers le réfrigérateur. Bien sûr, il est vide et il est trop tard pour sortir. Ce n'est pas mon jour de chance.

Donc, il crie pour rien. Ben est avec son amie donc je pars chez moi un peu plus tôt. Il me dit qu'il doit aller dans ce bar de la rue York pour la fête de ce soir, et que je dois y aller avec lui.

Une fois chez moi, je sors l'aspirateur et fais le hall. Je ne veux pas être avec tous ces gens ce soir, et en plus, j'y suis déjà allé une ou deux fois. Je n'ai pas le choix ; j'ai déjà dit que j'irais là-bas. Avec ce qui s'est passé hier, je sais qu'ils ont tous le bombardement en tête.

Ça s'est passé loin de nous, et c'est loin d'être fini. Cela ne les gêne pas de tout voir sous cet angle, mais moi je ne peux pas. Alors je vais être ivre mort, et je sais que ça n'est pas bien. Au dîner, tous les plats du menu sont avec champignon.

Rien de bon pour moi ce soir. Ça ne va pas m'aider. En face de moi à la table, un ami de Ben a un carnet et fait un dessin.

Je ne peux pas voir de là où je suis.

Je vais à côté de lui pour voir. On dirait un dromadaire ; il est très mal fait donc je ne lui dis rien. Les gens venus pour la fête de Ben sont tous déjà amis, et je suis le plus âgé. Bref, ça n'est pas une super soirée. Je fais de mon mieux, mais il est clair que je ne suis pas à ma place ici. Je suis un extraterrestre pour eux.

Je n'ai qu'une hâte : que le repas soit fini pour que je rentre chez moi. Je sais, je suis là pour Ben, c'est mon ami.

Du bout de ma fourchette, je joue avec le chou que je n'aime pas. C'est juste que je ne me sens pas à l'aise.

Je ne sais pas ce qui est prévu pour après le dîner. Tant que ça se finit vite, ça me va. Je vois que l'ami de Ben (son nom est Marc) a posé son carnet. Il a fait un drôle de gribouillage. Lui non plus ne parle pas trop. Je ne sais pas où Ben l'a connu, ça n'est pas très clair. En tout cas, il a l'air un peu fou. Je note un son sourd au loin, un peu plus fort que le son des voix à côté de moi. Ça vient du toit et je pense à un hélicoptère, mais je ne vois pas ce qu'il fait ici, si loin de la ville.

Dans son dos, sans qu'il ne le voie. Paul ne m'a rien dit du tout. Cinq jours plus tard, je reçois un appel d'une amie, donc je sais ce qui s'est passé. Elle me dit qu'elle l'a vue dans un van près chez elle. Son kidnapping a eu lieu il y a six jours.

Cet appel, cette drôle de voix, et je sais que ce n'est pas un de ses gags.

Je n'ai pas le choix, je dois payer, mais rien ne va assez vite.

C'est un labyrinthe où j'erre dans le noir. Et le pire, c'est que je suis seul en face de tout ça, car ses amis, sa mère et son père ne sont pas là. À côté de ça, Paul veut aller sur l'île pour voir où elle peut être. Il est sûr qu'elle est là-bas. Une fois sur l'île, il nous faut une montgolfière pour tout voir d'en haut. Je n'ai rien de mieux à faire, alors je le suis.

Mais il n'y rien. Le soir est là, et de nuit je ne peux rien faire. Sous un ciel sans lune, je suis la côte.

Je suis noctambule et je ne sais pas où je vais. Je ne vois rien non plus.

Sans but, je suis les rues et vois que je suis en face de chez moi. Il est tôt, mais je vais tout de suite au lit. Je dois être prêt pour les Jeux Olympiques. De nuit, sans le savoir, je dors sans fermer les yeux. C'est un ami, un jour, qui m'a dit ça. En plus de ça, il m'a dit que je parle dans mes rêves. Cette nuit-là, je ne rêve pas, et quand je me lève le jour d'après, je ne sais pas où je suis. Puis je vois le portemanteau dans le coin de la pièce, et je sais que je suis chez moi.

C'est le jour du test et il ne faut pas que je le rate. J'avoue que j'ai un peu le trac, bien que je sois prêt. En tout cas, c'est ce que je crois. Le questionnaire ne doit pas être trop dur.

Après ça, je vais chez l'un de mes amis, Ben, qui vit à côté du lycée. Il n'y a pas grand chose à faire chez lui, mais on parle de tout et de rien, on passe le temps. Le soir, il voit que son réfrigérateur est vide donc on sort pour un dîner en ville. Il y a un lieu sympa à côté de chez lui.

Mais il en est sûr. Ce soir, je dois voir mon amie Anne. Cela fait plus d'un an qu'on ne s'est pas vu. Elle vit à Paris, et moi je suis dans le Sud. En plus de ça, on a peu de temps libre. Avant qu'elle ne soit là, je range un peu et passe l'aspirateur. Puis je vais à la gare.

Son train n'est pas là, et je vais dans un café à côté pour tuer le temps. Sur la table à côté de moi, il y a un livre dont le titre parle du bombardement qui a eu lieu à Alger cet été. Je vois une fille en train de se servir au bar.

Son amie porte une robe bleue et d'un coup d'oeil furtif, je note qu'elle fixe le mur en face d'elle.

Un vieux poster avec un gros champignon au centre.

Le poster est en noir et blanc. La scène se passe dans un désert, un océan de sable brun avec une oasis que l'on peut voir au loin. Il n'y a pas âme qui vive dans ce désert, à part un dromadaire qui est figé près d'un point d'eau. Le texte sur le poster est en arabe, je ne peux pas le lire. Sur l'autre mur se trouve une autre image, cette fois une scène dans le futur.

Le ciel n'est pas comme le nôtre, il est violet, avec trois lunes. Un extraterrestre est assis sur le sol.

Il est de dos, mais je peux voir ses grands yeux noirs de profil. Ce dessin n'est pas à mon goût.

On dirait un de ces posters pas chers pour fans de Star Wars, ou ce type de film. Un client lâche sa fourchette, elle tinte sur la table en face de moi. Je vais au bar pour payer. Si son train est à l'heure, Anne sera là dans peu de temps et je dois aller à la gare. Le thé que j'ai pris est hors de prix ; la note que je reçois a un gribouillage dans le coin. Je paie et je pars sans tarder. Dans la gare, tout le monde est pressé. Je fends la foule pour aller sur le bon quai.

Le toit de la gare n'est pas fermé et je peux voir un hélicoptère passer au-dessus de moi. Il va vers la côte et vole assez bas.

Je suis fier de lui. La fin est là, et je suis le seul à le savoir. Ça n'est pas très grave. Je ne leur dis rien et les laisse faire, mais bien sûr, je veux en parler avec mon père. Lui au moins a ce qu'il faut pour faire face au kidnapping. Ce n'est pas le cas de tout le monde. Quoi qu'il en soit, ce n'est pas à moi de leur dire d'aller dans un sens ou dans l'autre.

Avec la porte fermée, le bruit cesse et je peux enfin dormir. Dans mon rêve, je suis dans un labyrinthe.

Je sais qu'il n'y a pas de sortie. Alors je vais au hasard, pas à pas. La seule chance de sortir d'ici est de faire le mur.

Ou alors, de voler hors de ce piège. C'est un rêve, donc il me suffit de penser à une montgolfière pour qu'elle soit là et que je puisse partir. Je vole très haut, dans les nuages, mais le son de la ville est là, comme si j'étais en bas. Le rêve change, et cette fois je suis chez moi, à côté de mon lit. Je rêve, mais mes yeux ne sont pas fermés, tel un noctambule. Je me vois rêver dans mon rêve. C'est idiot et ça me fait un peu peur en même temps.

Il y a un écran devant moi, sur lequel une ombre court en rond sur une piste rouge. On dirait les Jeux Olympiques de Berlin en 1936. La course n'en finit pas, puis l'image s'en va.

Après ça, l'écran montre une série de photos en noir et blanc. Je les ai toutes déjà vues, je ne sais plus quand et où. Sur une photo, un portemanteau vide est le seul objet que l'on peut voir dans la pièce. Puis il y a une chaise, avec une table basse à côté.

Il y a un papier sur la table, avec un seul mot d'écrit en gros. Tout le reste a été laissé blanc. Le mot est Questionnaire. Sur la photo d'après, c'est moi que je vois. Je suis en bas, dans le salon, assis par terre.

Il n'y a pas un bruit dans la pièce, tout le monde est parti. Il ne reste plus moi. Je me lève et vais vers le réfrigérateur.

Bien sûr, il est vide et il est trop tard pour sortir.

Bien sûr que non. Ben est avec son amie donc je pars chez moi un peu plus tôt. Il doit aller dans ce bar de la rue York ce soir.

Je dois y aller avec lui. Ça n'est pas bon signe. Une fois chez moi, je sors l'aspirateur et fais le hall.

Je ne veux pas être avec tous ces gens ce soir, et en plus, j'y suis déjà allé une ou deux fois. Je n'ai pas le choix ; j'ai déjà dit que j'irais là-bas. Avec ce qui s'est passé hier, je sais qu'ils ont tous le bombardement en tête. Ça s'est passé loin de nous, et c'est loin d'être fini. Cela ne les gêne pas de tout voir sous cet angle, mais moi je ne peux pas. Alors je vais être ivre mort, même si je sais que ça n'est pas bien. Je me lève et me rends au dîner. Bien sûr, tous les plats du menu sont avec champignon.

Rien de bon pour moi ce soir. Ça ne va pas m'aider. En face de moi à la table, un ami de Ben a un carnet et fait un dessin que je ne peux pas voir de là où je suis.

Je vais à côté de lui pour voir. On dirait un dromadaire ; il est très mal fait donc je ne lui dis rien. Les gens venus pour la fête de Ben sont tous déjà amis, et je suis le plus âgé. Bref, ça n'est pas une super soirée. Je fais de mon mieux, mais il est clair que je suis un extraterrestre pour eux.

Je n'ai qu'une hâte : que le repas soit fini pour que je rentre chez moi. Je sais, je suis là pour Ben, c'est mon ami. C'est juste que je ne me sens pas à l'aise. Mon plat est servi, ça n'est pas trop tôt. Du bout de ma fourchette, je joue avec mon chou.

Je ne suis pas à ma place ici. Je ne sais pas ce qui est prévu pour après le dîner. Tant que ça se finit vite, ça me va.

Je vois que l'ami de Ben a posé son carnet.

Il a fait un drôle de gribouillage. Lui non plus ne parle pas trop. Je ne sais pas où Ben l'a connu, ça n'est pas très clair. En tout cas, il a l'air un peu fou. Je note un son sourd au loin, un peu plus fort que le son des voix à côté de moi. Ça vient du toit et je pense à un hélicoptère, mais je ne vois pas ce qu'il fait ici, si loin de la ville.

Je suis rusé mais je ne sais pas où elle est. Paul ne m'a rien dit à ce sujet. Cinq jours après, je reçois un appel d'un ami. Bien. Il me dit qu'il l'a vue dans un van à côté de chez elle, tard le soir. Son kidnapping a eu lieu il y a six jours. Cet appel, cette drôle de voix, et je sais que ce n'est pas un de ses gags. Je n'ai pas le choix, je dois payer, mais rien ne va assez vite. Et le pire, c'est que je suis seul en face de tout ça, car ses amis ne sont pas là. C'est un labyrinthe où j'erre dans le noir.

À côté de ça, Paul veut aller sur l'île pour voir où elle peut être. Il est sûr qu'elle est là-bas. Je n'ai rien de mieux à faire, alors je le suis.

Une fois sur l'île, il nous faut une montgolfière pour tout voir d'en haut. Mais il n'y rien. Le soir est là, et de nuit je ne peux rien faire. Sous un ciel sans lune, je suis la côte. Sans but, je suis les rues et vois que je suis en face de chez moi. Je suis noctambule et je ne sais pas où je vais.

Je ne vois rien non plus. De nuit, sans le savoir, je dors sans fermer les yeux. En plus de ça, un ami m'a dit que je parle dans mes rêves. Il est tôt, mais je vais tout de suite au lit. Je dois être prêt pour les Jeux Olympiques.

Cette nuit-là, je ne rêve pas, et quand je me lève le jour d'après, je ne sais pas où je suis.

Je vois mon lit, ma veste sur le sol, la table à côté de moi.

Puis je vois le portemanteau dans le coin de la pièce, et je sais que je suis chez moi. C'est le jour du test et il ne faut pas que je le rate. J'avoue que j'ai un peu le trac, bien que je sois prêt. En tout cas, c'est ce que je crois. Le test ne doit pas être trop dur. Après le questionnaire, je vais chez l'un de mes amis, Ben, qui vit à côté du lycée.

Il n'y a pas grand chose à faire chez lui, mais on parle de tout et de rien, on passe le temps.

Le soir, il voit que son réfrigérateur est vide donc on sort pour un dîner en ville. Il y a un lieu sympa à côté de chez lui.

Béni soit-il. Ce soir, je dois voir mon amie Anne. Cela fait plus d'un an qu'on ne s'est pas vu. Elle vit à Paris.

En plus de ça, on a peu de temps libre. Avant qu'elle ne soit là, je range un peu et passe l'aspirateur. Puis je vais à la gare. Son train n'est pas là, et je vais dans un café à côté pour tuer le temps. Je vois une fille en train de se servir au bar. Sur la table à côté d'elle, il y a un livre dont le titre parle du bombardement qui a eu lieu à Alger cet été. Son amie porte une robe bleue et d'un coup d'oeil furtif, je note qu'elle fixe le mur en face d'elle.

Un vieux poster en noir et blanc, avec au centre un gros champignon. La scène se passe dans un désert, un océan de sable brun avec une oasis que l'on peut voir au loin.

Le texte sur le poster est en arabe, je ne peux pas le lire. Il n'y a pas âme qui vive dans ce désert, à part, figé près d'un point d'eau, un dromadaire. Sur l'autre mur se trouve une autre image, cette fois une scène dans le futur. Le ciel n'est pas comme le nôtre, il est violet, avec trois lunes.

On dirait un de ces posters pas chers pour fans de Star Wars, ou ce type de film. Un extraterrestre est assis sur le sol. Il est de dos, mais je peux voir ses grands yeux noirs de profil. Ce dessin n'est pas à mon goût.

Je vais au bar pour payer. À la table en face de moi, un client lâche sa fourchette, qui tinte sur la table.

Si son train est à l'heure, Anne sera là dans peu de temps.

Je paie et je pars sans tarder. Le thé que j'ai pris est hors de prix ; la note que j'ai reçue et que j'ai mise dans ma poche a un gribouillage dans le coin. Dans la gare, tout le monde est pressé. Je fends la foule pour aller sur le bon quai, je ne veux pas être en retard. Au final, je suis trop en avance et le quai est vide.

Je peux voir un hélicoptère passer au-dessus de moi, car le toit de la gare n'est pas fermé. Il va vers la côte.

Non. Toi, tu iras loin. La fin est là, et je suis le seul à le savoir. Ça n'est pas très grave. Je ne lui dis rien et le laisse faire, béni soit-il. Bien sûr, je veux en parler avec mon père. Lui au moins a ce qu'il faut pour faire face au kidnapping.

Ce n'est pas le cas de tout le monde. Quoi qu'il en soit, ce n'est pas à moi de leur dire d'y aller ou pas.

Avec la porte fermée, le bruit cesse et je peux enfin dormir.

Dans mon rêve, je suis dans un labyrinthe. Je sais qu'il n'y a pas de sortie. Alors je vais au hasard, pas à pas. La seule chance de sortir d'ici est de faire le mur. Ou alors, de voler hors de ce piège. C'est un rêve, donc il me suffit de penser à une montgolfière pour qu'elle soit là et que je puisse partir. Je vole très haut, dans les nuages.

Chapitre 11

Sans ton aide. Ben n'est pas là donc je vais chez moi.

Il me dit qu'il doit aller dans ce bar de la rue York pour la fête de ce soir, et que je dois y aller avec lui. Une fois chez moi, je sors l'aspirateur et fais le hall. Je ne veux pas être avec tous ces gens ce soir, et en plus, j'y suis déjà allé une ou deux fois. Je n'ai pas le choix ; j'ai déjà dit que j'irais là-bas. Je ne peux pas ne pas y aller.

Le bombardement s'est passé loin de nous, et c'est loin d'être fini. Cela ne les gêne pas de tout voir sous cet angle.

Alors je vais être ivre mort, même si je sais que ça n'est pas bien. Au dîner, rien de bon pour moi ce soir.

Tous les plats du menu sont avec champignon. Ça ne va pas m'aider. En face de moi à la table, un ami de Ben a un carnet et fait un dessin. Je ne peux pas voir de là où je suis. Je vais à côté de lui pour voir. Il est très mal fait donc je ne lui dis rien, mais on dirait un dromadaire. Les gens venus pour la fête de Ben sont tous déjà amis, et je suis le plus âgé. Bref, ça n'est pas une super soirée. Je fais de mon mieux, mais il est clair que je ne suis pas à ma place ici.

Un tel brio est rare. La fin est là, et je suis le seul à le savoir. Ça n'est pas très grave. Je ne leur dis rien. Ils sont mieux sans.

Bien sûr, je veux en parler avec mon père.

Lui au moins a ce qu'il faut pour faire face au kidnapping. Ce n'est pas le cas de tout le monde. Quoi qu'il en soit, ce n'est pas à moi de leur dire d'aller dans un sens ou dans l'autre. Avec la porte fermée, le bruit cesse et je peux enfin dormir. Dans mon rêve, je suis dans un labyrinthe. Je sais qu'il n'y a pas de sortie. Alors je vais au hasard, pas à pas.

La seule chance de sortir d'ici est de faire le mur. Ou alors, de voler hors de ce piège.

Il me suffit de penser à une montgolfière pour qu'elle soit là (ça n'est qu'un rêve) et que je puisse partir.

Je vole très haut, dans les nuages, mais le son de la ville est là, comme si j'étais en bas. Le rêve change, et cette fois je suis chez moi, à côté de mon lit. Tel un noctambule, je rêve, mais mes yeux ne sont pas fermés. Je me vois rêver dans mon rêve. C'est idiot et ça me fait un peu peur en même temps. Il y a un écran devant moi, sur lequel une ombre court en rond sur une piste rouge. On dirait les Jeux Olympiques de Berlin en 1936. La course n'en finit pas, puis l'image s'en va.

Après ça, l'écran montre une série de photos en noir et blanc. Je les ai toutes déjà vues, je ne sais plus quand et où. Sur une photo, un portemanteau est le seul objet dans la pièce.

Puis, sur la photo d'après, il y a une chaise, avec une table basse à côté. Il y a un papier sur la table, avec un seul mot écrit en gros. Tout le reste a été laissé blanc. Le mot est : questionnaire. Sur la photo d'après, c'est moi que je vois. Je suis en bas, dans le salon, assis par terre.

Il n'y a pas un bruit dans la pièce, tout le monde est parti. Il ne reste plus moi, je suis enfin seul. Je me lève et vais vers le réfrigérateur. Bien sûr, il est vide et il est trop tard pour sortir. Ce n'est pas mon jour de chance.

Non, tu cries pour rien. Ben n'est pas là donc je vais chez moi. Il doit aller dans ce bar de la rue York pour la fête de ce soir, et que je dois y aller avec lui.

Une fois chez moi, je sors l'aspirateur et fais le hall. Je ne veux pas être avec tous ces gens ce soir, et en plus, j'y suis déjà allé une ou deux fois. Je n'ai pas le choix ; j'ai déjà dit que j'irais là-bas. Avec ce qui s'est passé hier, je sais qu'ils ont tous le bombardement en tête.

Ça s'est passé loin de nous, et c'est loin d'être fini. Cela ne les gêne pas de tout voir sous cet angle, mais moi je ne peux pas. Alors je vais être ivre mort, et je sais que ça n'est pas bien. Au dîner, tous les plats du menu sont avec champignon.

Rien de bon pour moi ce soir. Ça ne va pas m'aider. En face de moi à la table, un ami de Ben a un carnet et fait un dessin.

Je ne peux pas voir de là où je suis.

Je vais à côté de lui pour voir. On dirait un dromadaire ; il est très mal fait donc je ne lui dis rien. Les gens venus pour la fête de Ben sont tous déjà amis, et je suis le plus âgé. Bref, ça n'est pas une super soirée. Je fais de mon mieux, mais il est clair que je ne suis pas à ma place ici. Je suis un extraterrestre pour eux.

Je n'ai qu'une hâte : que le repas soit fini pour que je rentre chez moi. Je sais, je suis là pour Ben, c'est mon ami.

Du bout de ma fourchette, je joue avec le chou que je n'aime pas. C'est juste que je ne me sens pas à l'aise.

Je ne sais pas ce qui est prévu pour après le dîner. Tant que ça se finit vite, ça me va. Je vois que l'ami de Ben (son nom est Marc) a posé son carnet. Il a fait un drôle de gribouillage. Lui non plus ne parle pas trop. Je ne sais pas où Ben l'a connu, ça n'est pas très clair. En tout cas, il a l'air un peu fou. Je note un son sourd au loin, un peu plus fort que le son des voix à côté de moi. Ça vient du toit et je pense à un hélicoptère, mais je ne vois pas ce qu'il fait ici, si loin de la ville.

Non, je ne peux pas. Je ne sais pas où elle est. Paul ne m'a rien dit hier. Peu de temps après, je reçois un appel d'un ami. Non, je ne l'ai pas vue, lui dis-je. Il me dit qu'il l'a vue dans un van près de chez elle. Son kidnapping a eu lieu il y a six jours.

Cet appel, cette drôle de voix, et je sais que ce n'est pas un de ses gags.

Je n'ai pas le choix, je dois payer, mais rien ne va assez vite.

C'est un labyrinthe où j'erre dans le noir. Et le pire, c'est que je suis seul en face de tout ça, car ses amis, sa mère et son père ne sont pas là. À côté de ça, Paul veut aller sur l'île pour voir où elle peut être. Il est sûr qu'elle est là-bas. Une fois sur l'île, il nous faut une montgolfière pour tout voir d'en haut. Je n'ai rien de mieux à faire, alors je le suis.

Mais il n'y rien. Le soir est là, et de nuit je ne peux rien faire. Sous un ciel sans lune, je suis la côte.

Je suis noctambule et je ne sais pas où je vais. Je ne vois rien non plus.

Sans but, je suis les rues et vois que je suis en face de chez moi. Il est tôt, mais je vais tout de suite au lit. Je dois être prêt pour les Jeux Olympiques. De nuit, sans le savoir, je dors sans fermer les yeux. C'est un ami, un jour, qui m'a dit ça. En plus de ça, il m'a dit que je parle dans mes rêves. Cette nuit-là, je ne rêve pas, et quand je me lève le jour d'après, je ne sais pas où je suis. Puis je vois le portemanteau dans le coin de la pièce, et je sais que je suis chez moi.

C'est le jour du test et il ne faut pas que je le rate. J'avoue que j'ai un peu le trac, bien que je sois prêt. En tout cas, c'est ce que je crois. Le questionnaire ne doit pas être trop dur.

Après ça, je vais chez l'un de mes amis, Ben, qui vit à côté du lycée. Il n'y a pas grand chose à faire chez lui, mais on parle de tout et de rien, on passe le temps. Le soir, il voit que son réfrigérateur est vide donc on sort pour un dîner en ville. Il y a un lieu sympa à côté de chez lui.

Pire, tu es là pour eux. Ce soir, je dois voir mon amie Anne. Cela fait plus d'un an qu'on ne s'est pas vu. Elle vit à Paris, et moi je suis dans le Sud. En plus de ça, on a peu de temps libre. Avant qu'elle ne soit là, je range un peu et passe l'aspirateur. Puis je vais à la gare.

Son train n'est pas là, et je vais dans un café à côté pour tuer le temps. Sur la table à côté de moi, il y a un livre dont le titre parle du bombardement qui a eu lieu à Alger cet été. Je vois une fille en train de se servir au bar.

Son amie porte une robe bleue et d'un coup d'oeil furtif, je note qu'elle fixe le mur en face d'elle.

Un vieux poster avec un gros champignon au centre.

Le poster est en noir et blanc. La scène se passe dans un désert, un océan de sable brun avec une oasis que l'on peut voir au loin. Il n'y a pas âme qui vive dans ce désert, à part un dromadaire qui est figé près d'un point d'eau. Le texte sur le poster est en arabe, je ne peux pas le lire. Sur l'autre mur se trouve une autre image, cette fois une scène dans le futur.

Le ciel n'est pas comme le nôtre, il est violet, avec trois lunes. Un extraterrestre est assis sur le sol.

Il est de dos, mais je peux voir ses grands yeux noirs de profil. Ce dessin n'est pas à mon goût.

On dirait un de ces posters pas chers pour fans de Star Wars, ou ce type de film. Un client lâche sa fourchette, elle tinte sur la table en face de moi. Je vais au bar pour payer. Si son train est à l'heure, Anne sera là dans peu de temps et je dois aller à la gare. Le thé que j'ai pris est hors de prix ; la note que je reçois a un gribouillage dans le coin. Je paie et je pars sans tarder. Dans la gare, tout le monde est pressé. Je fends la foule pour aller sur le bon quai.

Le toit de la gare n'est pas fermé et je peux voir un hélicoptère passer au-dessus de moi. Il va vers la côte et vole assez bas.

Tu te fais du mal. La fin est là, et je suis le seul à le savoir. Ça n'est pas très grave. Je ne leur dis rien, ça ne peut pas être pire. Bien sûr, je veux en parler avec mon père. Lui au moins a ce qu'il faut pour faire face au kidnapping. Ce n'est pas le cas de tout le monde. Quoi qu'il en soit, ce n'est pas à moi de leur dire d'aller dans un sens ou dans l'autre.

Avec la porte fermée, le bruit cesse et je peux enfin dormir. Dans mon rêve, je suis dans un labyrinthe.

Je sais qu'il n'y a pas de sortie. Alors je vais au hasard, pas à pas. La seule chance de sortir d'ici est de faire le mur.

Ou alors, de voler hors de ce piège. C'est un rêve, donc il me suffit de penser à une montgolfière pour qu'elle soit là et que je puisse partir. Je vole très haut, dans les nuages, mais le son de la ville est là, comme si j'étais en bas. Le rêve change, et cette fois je suis chez moi, à côté de mon lit. Je rêve, mais mes yeux ne sont pas fermés, tel un noctambule. Je me vois rêver dans mon rêve. C'est idiot et ça me fait un peu peur en même temps.

Il y a un écran devant moi, sur lequel une ombre court en rond sur une piste rouge. On dirait les Jeux Olympiques de Berlin en 1936. La course n'en finit pas, puis l'image s'en va.

Après ça, l'écran montre une série de photos en noir et blanc. Je les ai toutes déjà vues, je ne sais plus quand et où. Sur une photo, un portemanteau vide est le seul objet que l'on peut voir dans la pièce. Puis il y a une chaise, avec une table basse à côté.

Il y a un papier sur la table, avec un seul mot d'écrit en gros. Tout le reste a été laissé blanc. Le mot est Questionnaire. Sur la photo d'après, c'est moi que je vois. Je suis en bas, dans le salon, assis par terre.

Il n'y a pas un bruit dans la pièce, tout le monde est parti. Il ne reste plus moi. Je me lève et vais vers le réfrigérateur.

Bien sûr, il est vide et il est trop tard pour sortir.

Tout te gêne. Ben est avec son amie donc je pars chez moi un peu plus tôt. Il doit aller dans ce bar de la rue York ce soir.

Je dois y aller avec lui. Ça n'est pas bon signe. Une fois chez moi, je sors l'aspirateur et fais le hall.

Je ne veux pas être avec tous ces gens ce soir, et en plus, j'y suis déjà allé une ou deux fois. Je n'ai pas le choix ; j'ai déjà dit que j'irais là-bas. Avec ce qui s'est passé hier, je sais qu'ils ont tous le bombardement en tête. Ça s'est passé loin de nous, et c'est loin d'être fini. Cela ne les gêne pas de tout voir sous cet angle, mais moi je ne peux pas. Alors je vais être ivre mort, même si je sais que ça n'est pas bien. Je me lève et me rends au dîner. Bien sûr, tous les plats du menu sont avec champignon.

Rien de bon pour moi ce soir. Ça ne va pas m'aider. En face de moi à la table, un ami de Ben a un carnet et fait un dessin que je ne peux pas voir de là où je suis.

Je vais à côté de lui pour voir. On dirait un dromadaire ; il est très mal fait donc je ne lui dis rien. Les gens venus pour la fête de Ben sont tous déjà amis, et je suis le plus âgé. Bref, ça n'est pas une super soirée. Je fais de mon mieux, mais il est clair que je suis un extraterrestre pour eux.

Je n'ai qu'une hâte : que le repas soit fini pour que je rentre chez moi. Je sais, je suis là pour Ben, c'est mon ami. C'est juste que je ne me sens pas à l'aise. Mon plat est servi, ça n'est pas trop tôt. Du bout de ma fourchette, je joue avec mon chou.

Je ne suis pas à ma place ici. Je ne sais pas ce qui est prévu pour après le dîner. Tant que ça se finit vite, ça me va.

Je vois que l'ami de Ben a posé son carnet.

Il a fait un drôle de gribouillage. Lui non plus ne parle pas trop. Je ne sais pas où Ben l'a connu, ça n'est pas très clair. En tout cas, il a l'air un peu fou. Je note un son sourd au loin, un peu plus fort que le son des voix à côté de moi. Ça vient du toit et je pense à un hélicoptère, mais je ne vois pas ce qu'il fait ici, si loin de la ville.

Plus tard, rien ne sera là. Je ne sais pas où elle est. Paul ne m'a rien dit. Cinq jours après, je reçois un appel d'un ami, et tout est clair. Il l'a vue dans un van à côté de chez elle, tard le soir. Son kidnapping a eu lieu il y a six jours. Cet appel, cette drôle de voix, et je sais que ce n'est pas un de ses gags. Je n'ai pas le choix, je dois payer, mais rien ne va assez vite. Et le pire, c'est que je suis seul en face de tout ça, car ses amis ne sont pas là. C'est un labyrinthe où j'erre dans le noir.

À côté de ça, Paul veut aller sur l'île pour voir où elle peut être. Il est sûr qu'elle est là-bas. Je n'ai rien de mieux à faire, alors je le suis.

Une fois sur l'île, il nous faut une montgolfière pour tout voir d'en haut. Mais il n'y rien. Le soir est là, et de nuit je ne peux rien faire. Sous un ciel sans lune, je suis la côte. Sans but, je suis les rues et vois que je suis en face de chez moi. Je suis noctambule et je ne sais pas où je vais.

Je ne vois rien non plus. De nuit, sans le savoir, je dors sans fermer les yeux. En plus de ça, un ami m'a dit que je parle dans mes rêves. Il est tôt, mais je vais tout de suite au lit. Je dois être prêt pour les Jeux Olympiques.

Cette nuit-là, je ne rêve pas, et quand je me lève le jour d'après, je ne sais pas où je suis.

Je vois mon lit, ma veste sur le sol, la table à côté de moi.

Puis je vois le portemanteau dans le coin de la pièce, et je sais que je suis chez moi. C'est le jour du test et il ne faut pas que je le rate. J'avoue que j'ai un peu le trac, bien que je sois prêt. En tout cas, c'est ce que je crois. Le test ne doit pas être trop dur. Après le questionnaire, je vais chez l'un de mes amis, Ben, qui vit à côté du lycée.

Il n'y a pas grand chose à faire chez lui, mais on parle de tout et de rien, on passe le temps.

Le soir, il voit que son réfrigérateur est vide donc on sort pour un dîner en ville. Il y a un lieu sympa à côté de chez lui.

Pire, je suis là. Ce soir, je dois voir mon amie Anne. Cela fait plus d'un an qu'on ne s'est pas vu. Elle vit à Paris.

En plus de ça, on a peu de temps libre. Avant qu'elle ne soit là, je range un peu et passe l'aspirateur. Puis je vais à la gare. Son train n'est pas là, et je vais dans un café à côté pour tuer le temps. Je vois une fille en train de se servir au bar. Sur la table à côté d'elle, il y a un livre dont le titre parle du bombardement qui a eu lieu à Alger cet été. Son amie porte une robe bleue et d'un coup d'oeil furtif, je note qu'elle fixe le mur en face d'elle.

Un vieux poster en noir et blanc, avec au centre un gros champignon. La scène se passe dans un désert, un océan de sable brun avec une oasis que l'on peut voir au loin.

Le texte sur le poster est en arabe, je ne peux pas le lire. Il n'y a pas âme qui vive dans ce désert, à part, figé près d'un point d'eau, un dromadaire. Sur l'autre mur se trouve une autre image, cette fois une scène dans le futur. Le ciel n'est pas comme le nôtre, il est violet, avec trois lunes.

On dirait un de ces posters pas chers pour fans de Star Wars, ou ce type de film. Un extraterrestre est assis sur le sol. Il est de dos, mais je peux voir ses grands yeux noirs de profil. Ce dessin n'est pas à mon goût.

Je vais au bar pour payer. À la table en face de moi, un client lâche sa fourchette, qui tinte sur la table.

Si son train est à l'heure, Anne sera là dans peu de temps.

Je paie et je pars sans tarder. Le thé que j'ai pris est hors de prix ; la note que j'ai reçue et que j'ai mise dans ma poche a un gribouillage dans le coin. Dans la gare, tout le monde est pressé. Je fends la foule pour aller sur le bon quai, je ne veux pas être en retard. Au final, je suis trop en avance et le quai est vide.

Je peux voir un hélicoptère passer au-dessus de moi, car le toit de la gare n'est pas fermé. Il va vers la côte.

Vous avez très faim. La fin est là, et je suis le seul à le savoir. Ça n'est pas grave. Je ne leur dis rien. Ça ne peut pas être pire. Bien sûr, je veux en parler avec mon père. Lui au moins a ce qu'il faut pour faire face au kidnapping.

Ce n'est pas le cas de tout le monde. Quoi qu'il en soit, ce n'est pas à moi de leur dire d'y aller ou pas.

Avec la porte fermée, le bruit cesse et je peux enfin dormir.

Dans mon rêve, je suis dans un labyrinthe. Je sais qu'il n'y a pas de sortie. Alors je vais au hasard, pas à pas. La seule chance de sortir d'ici est de faire le mur. Ou alors, de voler hors de ce piège. C'est un rêve, donc il me suffit de penser à une montgolfière pour qu'elle soit là et que je puisse partir. Je vole très haut, dans les nuages.

Chapitre 12

Vous avez un ami. Ben n'est pas là donc je vais chez moi.

Il me dit qu'il doit aller dans ce bar de la rue York pour la fête de ce soir, et que je dois y aller avec lui. Une fois chez moi, je sors l'aspirateur et fais le hall. Je ne veux pas être avec tous ces gens ce soir, et en plus, j'y suis déjà allé une ou deux fois. Je n'ai pas le choix ; j'ai déjà dit que j'irais là-bas. Je ne peux pas ne pas y aller.

Le bombardement s'est passé loin de nous, et c'est loin d'être fini. Cela ne les gêne pas de tout voir sous cet angle.

Alors je vais être ivre mort, même si je sais que ça n'est pas bien. Au dîner, rien de bon pour moi ce soir.

Tous les plats du menu sont avec champignon. Ça ne va pas m'aider. En face de moi à la table, un ami de Ben a un carnet et fait un dessin. Je ne peux pas voir de là où je suis. Je vais à côté de lui pour voir. Il est très mal fait donc je ne lui dis rien, mais on dirait un dromadaire. Les gens venus pour la fête de Ben sont tous déjà amis, et je suis le plus âgé. Bref, ça n'est pas une super soirée. Je fais de mon mieux, mais il est clair que je ne suis pas à ma place ici.

Tu as le mien. La fin est là, et je suis le seul à le savoir. Ça n'est pas grave. Je ne leur dis rien. Cela n'a rien à voir avec vous.

Bien sûr, je veux en parler avec mon père.

Lui au moins a ce qu'il faut pour faire face au kidnapping. Ce n'est pas le cas de tout le monde. Quoi qu'il en soit, ce n'est pas à moi de leur dire d'aller dans un sens ou dans l'autre. Avec la porte fermée, le bruit cesse et je peux enfin dormir. Dans mon rêve, je suis dans un labyrinthe. Je sais qu'il n'y a pas de sortie. Alors je vais au hasard, pas à pas.

La seule chance de sortir d'ici est de faire le mur. Ou alors, de voler hors de ce piège.

Il me suffit de penser à une montgolfière pour qu'elle soit là (ça n'est qu'un rêve) et que je puisse partir.

Je vole très haut, dans les nuages, mais le son de la ville est là, comme si j'étais en bas. Le rêve change, et cette fois je suis chez moi, à côté de mon lit. Tel un noctambule, je rêve, mais mes yeux ne sont pas fermés. Je me vois rêver dans mon rêve. C'est idiot et ça me fait un peu peur en même temps. Il y a un écran devant moi, sur lequel une ombre court en rond sur une piste rouge. On dirait les Jeux Olympiques de Berlin en 1936. La course n'en finit pas, puis l'image s'en va.

Après ça, l'écran montre une série de photos en noir et blanc. Je les ai toutes déjà vues, je ne sais plus quand et où. Sur une photo, un portemanteau est le seul objet dans la pièce.

Puis, sur la photo d'après, il y a une chaise, avec une table basse à côté. Il y a un papier sur la table, avec un seul mot écrit en gros. Tout le reste a été laissé blanc. Le mot est : questionnaire. Sur la photo d'après, c'est moi que je vois. Je suis en bas, dans le salon, assis par terre.

Il n'y a pas un bruit dans la pièce, tout le monde est parti. Il ne reste plus moi, je suis enfin seul. Je me lève et vais vers le réfrigérateur. Bien sûr, il est vide et il est trop tard pour sortir. Ce n'est pas mon jour de chance.

Pour un mois ou deux. Ben est avec son amie donc je pars chez moi un peu plus tôt. Il doit aller dans ce bar de la rue York pour la fête de ce soir, et que je dois y aller avec lui.

Une fois chez moi, je sors l'aspirateur et fais le hall. Je ne veux pas être avec tous ces gens ce soir, et en plus, j'y suis déjà allé une ou deux fois. Je n'ai pas le choix ; j'ai déjà dit que j'irais là-bas. Avec ce qui s'est passé hier, je sais qu'ils ont tous le bombardement en tête.

Ça s'est passé loin de nous, et c'est loin d'être fini. Cela ne les gêne pas de tout voir sous cet angle, mais moi je ne peux pas. Alors je vais être ivre mort, et je sais que ça n'est pas bien. Au dîner, tous les plats du menu sont avec champignon.

Rien de bon pour moi ce soir. Ça ne va pas m'aider. En face de moi à la table, un ami de Ben a un carnet et fait un dessin.

Je ne peux pas voir de là où je suis.

Je vais à côté de lui pour voir. On dirait un dromadaire ; il est très mal fait donc je ne lui dis rien. Les gens venus pour la fête de Ben sont tous déjà amis, et je suis le plus âgé. Bref, ça n'est pas une super soirée. Je fais de mon mieux, mais il est clair que je ne suis pas à ma place ici. Je suis un extraterrestre pour eux.

Je n'ai qu'une hâte : que le repas soit fini pour que je rentre chez moi. Je sais, je suis là pour Ben, c'est mon ami.

Du bout de ma fourchette, je joue avec le chou que je n'aime pas. C'est juste que je ne me sens pas à l'aise.

Je ne sais pas ce qui est prévu pour après le dîner. Tant que ça se finit vite, ça me va. Je vois que l'ami de Ben (son nom est Marc) a posé son carnet. Il a fait un drôle de gribouillage. Lui non plus ne parle pas trop. Je ne sais pas où Ben l'a connu, ça n'est pas très clair. En tout cas, il a l'air un peu fou. Je note un son sourd au loin, un peu plus fort que le son des voix à côté de moi. Ça vient du toit et je pense à un hélicoptère, mais je ne vois pas ce qu'il fait ici, si loin de la ville.

Vous avez déjà peur. Je ne sais pas où elle est. Paul ne m'a rien dit du tout. Cinq jours après, je reçois un appel d'un ami, pour qui tout est clair : il l'a vue dans un van à côté de chez elle, tard le soir. Son kidnapping a eu lieu il y a six jours.

Cet appel, cette drôle de voix, et je sais que ce n'est pas un de ses gags.

Je n'ai pas le choix, je dois payer, mais rien ne va assez vite.

C'est un labyrinthe où j'erre dans le noir. Et le pire, c'est que je suis seul en face de tout ça, car ses amis, sa mère et son père ne sont pas là. À côté de ça, Paul veut aller sur l'île pour voir où elle peut être. Il est sûr qu'elle est là-bas. Une fois sur l'île, il nous faut une montgolfière pour tout voir d'en haut. Je n'ai rien de mieux à faire, alors je le suis.

Mais il n'y rien. Le soir est là, et de nuit je ne peux rien faire. Sous un ciel sans lune, je suis la côte.

Je suis noctambule et je ne sais pas où je vais. Je ne vois rien non plus.

Sans but, je suis les rues et vois que je suis en face de chez moi. Il est tôt, mais je vais tout de suite au lit. Je dois être prêt pour les Jeux Olympiques. De nuit, sans le savoir, je dors sans fermer les yeux. C'est un ami, un jour, qui m'a dit ça. En plus de ça, il m'a dit que je parle dans mes rêves. Cette nuit-là, je ne rêve pas, et quand je me lève le jour d'après, je ne sais pas où je suis. Puis je vois le portemanteau dans le coin de la pièce, et je sais que je suis chez moi.

C'est le jour du test et il ne faut pas que je le rate. J'avoue que j'ai un peu le trac, bien que je sois prêt. En tout cas, c'est ce que je crois. Le questionnaire ne doit pas être trop dur.

Après ça, je vais chez l'un de mes amis, Ben, qui vit à côté du lycée. Il n'y a pas grand chose à faire chez lui, mais on parle de tout et de rien, on passe le temps. Le soir, il voit que son réfrigérateur est vide donc on sort pour un dîner en ville. Il y a un lieu sympa à côté de chez lui.

Ton ami est là. Ce soir, je dois voir mon amie Anne. Cela fait plus d'un an qu'on ne s'est pas vu. Elle vit à Paris, et moi je suis dans le Sud. En plus de ça, on a peu de temps libre. Avant qu'elle ne soit là, je range un peu et passe l'aspirateur. Puis je vais à la gare.

Son train n'est pas là, et je vais dans un café à côté pour tuer le temps. Sur la table à côté de moi, il y a un livre dont le titre parle du bombardement qui a eu lieu à Alger cet été. Je vois une fille en train de se servir au bar.

Son amie porte une robe bleue et d'un coup d'oeil furtif, je note qu'elle fixe le mur en face d'elle.

Un vieux poster avec un gros champignon au centre.

Le poster est en noir et blanc. La scène se passe dans un désert, un océan de sable brun avec une oasis que l'on peut voir au loin. Il n'y a pas âme qui vive dans ce désert, à part un dromadaire qui est figé près d'un point d'eau. Le texte sur le poster est en arabe, je ne peux pas le lire. Sur l'autre mur se trouve une autre image, cette fois une scène dans le futur.

Le ciel n'est pas comme le nôtre, il est violet, avec trois lunes. Un extraterrestre est assis sur le sol.

Il est de dos, mais je peux voir ses grands yeux noirs de profil. Ce dessin n'est pas à mon goût.

On dirait un de ces posters pas chers pour fans de Star Wars, ou ce type de film. Un client lâche sa fourchette, elle tinte sur la table en face de moi. Je vais au bar pour payer. Si son train est à l'heure, Anne sera là dans peu de temps et je dois aller à la gare. Le thé que j'ai pris est hors de prix ; la note que je reçois a un gribouillage dans le coin. Je paie et je pars sans tarder. Dans la gare, tout le monde est pressé. Je fends la foule pour aller sur le bon quai.

Le toit de la gare n'est pas fermé et je peux voir un hélicoptère passer au-dessus de moi. Il va vers la côte et vole assez bas.

Tu as faim. La fin est là, et je suis le seul à le savoir. Ça n'est pas très grave. Je ne leur dis rien et les laisse faire avec ton jouet. Bien sûr, je veux en parler avec mon père. Lui au moins a ce qu'il faut pour faire face au kidnapping. Ce n'est pas le cas de tout le monde. Quoi qu'il en soit, ce n'est pas à moi de leur dire d'aller dans un sens ou dans l'autre.

Avec la porte fermée, le bruit cesse et je peux enfin dormir. Dans mon rêve, je suis dans un labyrinthe.

Je sais qu'il n'y a pas de sortie. Alors je vais au hasard, pas à pas. La seule chance de sortir d'ici est de faire le mur.

Ou alors, de voler hors de ce piège. C'est un rêve, donc il me suffit de penser à une montgolfière pour qu'elle soit là et que je puisse partir. Je vole très haut, dans les nuages, mais le son de la ville est là, comme si j'étais en bas. Le rêve change, et cette fois je suis chez moi, à côté de mon lit. Je rêve, mais mes yeux ne sont pas fermés, tel un noctambule. Je me vois rêver dans mon rêve. C'est idiot et ça me fait un peu peur en même temps.

Il y a un écran devant moi, sur lequel une ombre court en rond sur une piste rouge. On dirait les Jeux Olympiques de Berlin en 1936. La course n'en finit pas, puis l'image s'en va.

Après ça, l'écran montre une série de photos en noir et blanc. Je les ai toutes déjà vues, je ne sais plus quand et où. Sur une photo, un portemanteau vide est le seul objet que l'on peut voir dans la pièce. Puis il y a une chaise, avec une table basse à côté.

Il y a un papier sur la table, avec un seul mot d'écrit en gros. Tout le reste a été laissé blanc. Le mot est Questionnaire. Sur la photo d'après, c'est moi que je vois. Je suis en bas, dans le salon, assis par terre.

Il n'y a pas un bruit dans la pièce, tout le monde est parti. Il ne reste plus moi. Je me lève et vais vers le réfrigérateur.

Bien sûr, il est vide et il est trop tard pour sortir.

Pire. À quel prix ? Ben est avec son amie donc je pars chez moi un peu plus tôt. Il doit aller dans ce bar de la rue York ce soir.

Je dois y aller avec lui. Ça n'est pas bon signe. Une fois chez moi, je sors l'aspirateur et fais le hall.

Je ne veux pas être avec tous ces gens ce soir, et en plus, j'y suis déjà allé une ou deux fois. Je n'ai pas le choix ; j'ai déjà dit que j'irais là-bas. Avec ce qui s'est passé hier, je sais qu'ils ont tous le bombardement en tête. Ça s'est passé loin de nous, et c'est loin d'être fini. Cela ne les gêne pas de tout voir sous cet angle, mais moi je ne peux pas. Alors je vais être ivre mort, même si je sais que ça n'est pas bien. Je me lève et me rends au dîner. Bien sûr, tous les plats du menu sont avec champignon.

Rien de bon pour moi ce soir. Ça ne va pas m'aider. En face de moi à la table, un ami de Ben a un carnet et fait un dessin que je ne peux pas voir de là où je suis.

Je vais à côté de lui pour voir. On dirait un dromadaire ; il est très mal fait donc je ne lui dis rien. Les gens venus pour la fête de Ben sont tous déjà amis, et je suis le plus âgé. Bref, ça n'est pas une super soirée. Je fais de mon mieux, mais il est clair que je suis un extraterrestre pour eux.

Je n'ai qu'une hâte : que le repas soit fini pour que je rentre chez moi. Je sais, je suis là pour Ben, c'est mon ami. C'est juste que je ne me sens pas à l'aise. Mon plat est servi, ça n'est pas trop tôt. Du bout de ma fourchette, je joue avec mon chou.

Je ne suis pas à ma place ici. Je ne sais pas ce qui est prévu pour après le dîner. Tant que ça se finit vite, ça me va.

Je vois que l'ami de Ben a posé son carnet.

Il a fait un drôle de gribouillage. Lui non plus ne parle pas trop. Je ne sais pas où Ben l'a connu, ça n'est pas très clair. En tout cas, il a l'air un peu fou. Je note un son sourd au loin, un peu plus fort que le son des voix à côté de moi. Ça vient du toit et je pense à un hélicoptère, mais je ne vois pas ce qu'il fait ici, si loin de la ville.

Tu as haï ce lieu. Je ne sais pas où elle est. Paul ne m'a rien dit. Cinq jours plus tard, je reçois un appel d'un ami. C'est le pire. Il l'a vue dans un van à côté de chez elle, tard le soir. Son kidnapping a eu lieu il y a six jours. Cet appel, cette drôle de voix, et je sais que ce n'est pas un de ses gags. Je n'ai pas le choix, je dois payer, mais rien ne va assez vite. Et le pire, c'est que je suis seul en face de tout ça, car ses amis, sa mère et son père ne sont pas là. C'est un labyrinthe où j'erre dans le noir.

À côté de ça, Paul veut aller sur l'île pour voir où elle peut être. Il est sûr qu'elle est là-bas. Je n'ai rien de mieux à faire, alors je le suis.

Une fois sur l'île, il nous faut une montgolfière pour tout voir d'en haut. Mais il n'y rien. Le soir est là, et de nuit je ne peux rien faire. Sous un ciel sans lune, je suis la côte. Sans but, je suis les rues et vois que je suis en face de chez moi. Je suis noctambule et je ne sais pas où je vais.

Je ne vois rien non plus. De nuit, sans le savoir, je dors sans fermer les yeux. En plus de ça, un ami m'a dit que je parle dans mes rêves. Il est tôt, mais je vais tout de suite au lit. Je dois être prêt pour les Jeux Olympiques.

Cette nuit-là, je ne rêve pas, et quand je me lève le jour d'après, je ne sais pas où je suis.

Je vois mon lit, ma veste sur le sol, la table à côté de moi.

Puis je vois le portemanteau dans le coin de la pièce, et je sais que je suis chez moi. C'est le jour du test et il ne faut pas que je le rate. J'avoue que j'ai un peu le trac, bien que je sois prêt. En tout cas, c'est ce que je crois. Le test ne doit pas être trop dur. Après le questionnaire, je vais chez l'un de mes amis, Ben, qui vit à côté du lycée.

Il n'y a pas grand chose à faire chez lui, mais on parle de tout et de rien, on passe le temps.

Le soir, il voit que son réfrigérateur est vide donc on sort pour un dîner en ville. Il y a un lieu sympa à côté de chez lui.

Vous avez soif. Ce soir, je dois voir mon amie Anne. Cela fait plus d'un an qu'on ne s'est pas vu. Elle vit à Paris.

En plus de ça, on a peu de temps libre. Avant qu'elle ne soit là, je range un peu et passe l'aspirateur. Puis je vais à la gare. Son train n'est pas là, et je vais dans un café à côté pour tuer le temps. Je vois une fille en train de se servir au bar. Sur la table à côté d'elle, il y a un livre dont le titre parle du bombardement qui a eu lieu à Alger cet été. Son amie porte une robe bleue et d'un coup d'oeil furtif, je note qu'elle fixe le mur en face d'elle.

Un vieux poster en noir et blanc, avec au centre un gros champignon. La scène se passe dans un désert, un océan de sable brun avec une oasis que l'on peut voir au loin.

Le texte sur le poster est en arabe, je ne peux pas le lire. Il n'y a pas âme qui vive dans ce désert, à part, figé près d'un point d'eau, un dromadaire. Sur l'autre mur se trouve une autre image, cette fois une scène dans le futur. Le ciel n'est pas comme le nôtre, il est violet, avec trois lunes.

On dirait un de ces posters pas chers pour fans de Star Wars, ou ce type de film. Un extraterrestre est assis sur le sol. Il est de dos, mais je peux voir ses grands yeux noirs de profil. Ce dessin n'est pas à mon goût.

Je vais au bar pour payer. À la table en face de moi, un client lâche sa fourchette, qui tinte sur la table.

Si son train est à l'heure, Anne sera là dans peu de temps.

Je paie et je pars sans tarder. Le thé que j'ai pris est hors de prix ; la note que j'ai reçue et que j'ai mise dans ma poche a un gribouillage dans le coin. Dans la gare, tout le monde est pressé. Je fends la foule pour aller sur le bon quai, je ne veux pas être en retard. Au final, je suis trop en avance et le quai est vide.

Je peux voir un hélicoptère passer au-dessus de moi, car le toit de la gare n'est pas fermé. Il va vers la côte.

Tu vois tout. La fin est là, et je suis le seul à le savoir. Ça n'est pas grave. Je ne leur dis rien et les laisse faire ce qu'ils vous ont dit. Bien sûr, je veux en parler avec mon père. Lui au moins a ce qu'il faut pour faire face au kidnapping.

Ce n'est pas le cas de tout le monde. Quoi qu'il en soit, ce n'est pas à moi de leur dire d'y aller ou pas.

Avec la porte fermée, le bruit cesse et je peux enfin dormir.

Dans mon rêve, je suis dans un labyrinthe. Je sais qu'il n'y a pas de sortie. Alors je vais au hasard, pas à pas. La seule chance de sortir d'ici est de faire le mur. Ou alors, de voler hors de ce piège. C'est un rêve, donc il me suffit de penser à une montgolfière pour qu'elle soit là et que je puisse partir. Je vole très haut, dans les nuages.

Chapitre 13

Sans leur aide. Ben n'est pas là donc je vais chez moi.

Il me dit qu'il doit aller dans ce bar de la rue York pour la fête de ce soir, et que je dois y aller avec lui. Une fois chez moi, je sors l'aspirateur et fais le hall. Je ne veux pas être avec tous ces gens ce soir, et en plus, j'y suis déjà allé une ou deux fois. Je n'ai pas le choix ; j'ai déjà dit que j'irais là-bas. Je ne peux pas ne pas y aller.

Le bombardement s'est passé loin de nous, et c'est loin d'être fini. Cela ne les gêne pas de tout voir sous cet angle.

Alors je vais être ivre mort, même si je sais que ça n'est pas bien. Au dîner, rien de bon pour moi ce soir.

Tous les plats du menu sont avec champignon. Ça ne va pas m'aider. En face de moi à la table, un ami de Ben a un carnet et fait un dessin. Je ne peux pas voir de là où je suis. Je vais à côté de lui pour voir. Il est très mal fait donc je ne lui dis rien, mais on dirait un dromadaire. Les gens venus pour la fête de Ben sont tous déjà amis, et je suis le plus âgé. Bref, ça n'est pas une super soirée. Je fais de mon mieux, mais il est clair que je ne suis pas à ma place ici.

On va voir ça. La fin est là, et je suis le seul à le savoir. Ça n'est pas très grave. Je ne leur dis rien, ils sont mieux avec que sans.

Bien sûr, je veux en parler avec mon père.

Lui au moins a ce qu'il faut pour faire face au kidnapping. Ce n'est pas le cas de tout le monde. Quoi qu'il en soit, ce n'est pas à moi de leur dire d'aller dans un sens ou dans l'autre. Avec la porte fermée, le bruit cesse et je peux enfin dormir. Dans mon rêve, je suis dans un labyrinthe. Je sais qu'il n'y a pas de sortie. Alors je vais au hasard, pas à pas.

La seule chance de sortir d'ici est de faire le mur. Ou alors, de voler hors de ce piège.

Il me suffit de penser à une montgolfière pour qu'elle soit là (ça n'est qu'un rêve) et que je puisse partir.

Je vole très haut, dans les nuages, mais le son de la ville est là, comme si j'étais en bas. Le rêve change, et cette fois je suis chez moi, à côté de mon lit. Tel un noctambule, je rêve, mais mes yeux ne sont pas fermés. Je me vois rêver dans mon rêve. C'est idiot et ça me fait un peu peur en même temps. Il y a un écran devant moi, sur lequel une ombre court en rond sur une piste rouge. On dirait les Jeux Olympiques de Berlin en 1936. La course n'en finit pas, puis l'image s'en va.

Après ça, l'écran montre une série de photos en noir et blanc. Je les ai toutes déjà vues, je ne sais plus quand et où. Sur une photo, un portemanteau est le seul objet dans la pièce.

Puis, sur la photo d'après, il y a une chaise, avec une table basse à côté. Il y a un papier sur la table, avec un seul mot écrit en gros. Tout le reste a été laissé blanc. Le mot est : questionnaire. Sur la photo d'après, c'est moi que je vois. Je suis en bas, dans le salon, assis par terre.

Il n'y a pas un bruit dans la pièce, tout le monde est parti. Il ne reste plus moi, je suis enfin seul. Je me lève et vais vers le réfrigérateur. Bien sûr, il est vide et il est trop tard pour sortir. Ce n'est pas mon jour de chance.

Pour lui-même. Ben est avec son amie donc je pars chez moi un peu plus tôt. Il me dit qu'il doit aller dans ce bar de la rue York pour la fête de ce soir, et que je dois y aller avec lui.

Une fois chez moi, je sors l'aspirateur et fais le hall. Je ne veux pas être avec tous ces gens ce soir, et en plus, j'y suis déjà allé une ou deux fois. Je n'ai pas le choix ; j'ai déjà dit que j'irais là-bas. Avec ce qui s'est passé hier, je sais qu'ils ont tous le bombardement en tête.

Ça s'est passé loin de nous, et c'est loin d'être fini. Cela ne les gêne pas de tout voir sous cet angle, mais moi je ne peux pas. Alors je vais être ivre mort, et je sais que ça n'est pas bien. Au dîner, tous les plats du menu sont avec champignon.

Rien de bon pour moi ce soir. Ça ne va pas m'aider. En face de moi à la table, un ami de Ben a un carnet et fait un dessin.

Je ne peux pas voir de là où je suis.

Je vais à côté de lui pour voir. On dirait un dromadaire ; il est très mal fait donc je ne lui dis rien. Les gens venus pour la fête de Ben sont tous déjà amis, et je suis le plus âgé. Bref, ça n'est pas une super soirée. Je fais de mon mieux, mais il est clair que je ne suis pas à ma place ici. Je suis un extraterrestre pour eux.

Je n'ai qu'une hâte : que le repas soit fini pour que je rentre chez moi. Je sais, je suis là pour Ben, c'est mon ami.

Du bout de ma fourchette, je joue avec le chou que je n'aime pas. C'est juste que je ne me sens pas à l'aise.

Je ne sais pas ce qui est prévu pour après le dîner. Tant que ça se finit vite, ça me va. Je vois que l'ami de Ben (son nom est Marc) a posé son carnet. Il a fait un drôle de gribouillage. Lui non plus ne parle pas trop. Je ne sais pas où Ben l'a connu, ça n'est pas très clair. En tout cas, il a l'air un peu fou. Je note un son sourd au loin, un peu plus fort que le son des voix à côté de moi. Ça vient du toit et je pense à un hélicoptère, mais je ne vois pas ce qu'il fait ici, si loin de la ville.

Nos vies ne sont pas si bien que ça. Je ne sais pas où elle est. Paul ne m'a rien dit. Cinq jours après, je reçois un appel pour me dire qu'elle a été vue dans un van près de chez elle. Son kidnapping a eu lieu il y a six jours.

Cet appel, cette drôle de voix, et je sais que ce n'est pas un de ses gags.

Je n'ai pas le choix, je dois payer, mais rien ne va assez vite.

C'est un labyrinthe où j'erre dans le noir. Et le pire, c'est que je suis seul en face de tout ça, car ses amis, sa mère et son père ne sont pas là. À côté de ça, Paul veut aller sur l'île pour voir où elle peut être. Il est sûr qu'elle est là-bas. Une fois sur l'île, il nous faut une montgolfière pour tout voir d'en haut. Je n'ai rien de mieux à faire, alors je le suis.

Mais il n'y rien. Le soir est là, et de nuit je ne peux rien faire. Sous un ciel sans lune, je suis la côte.

Je suis noctambule et je ne sais pas où je vais. Je ne vois rien non plus.

Sans but, je suis les rues et vois que je suis en face de chez moi. Il est tôt, mais je vais tout de suite au lit. Je dois être prêt pour les Jeux Olympiques. De nuit, sans le savoir, je dors sans fermer les yeux. C'est un ami, un jour, qui m'a dit ça. En plus de ça, il m'a dit que je parle dans mes rêves. Cette nuit-là, je ne rêve pas, et quand je me lève le jour d'après, je ne sais pas où je suis. Puis je vois le portemanteau dans le coin de la pièce, et je sais que je suis chez moi.

C'est le jour du test et il ne faut pas que je le rate. J'avoue que j'ai un peu le trac, bien que je sois prêt. En tout cas, c'est ce que je crois. Le questionnaire ne doit pas être trop dur.

Après ça, je vais chez l'un de mes amis, Ben, qui vit à côté du lycée. Il n'y a pas grand chose à faire chez lui, mais on parle de tout et de rien, on passe le temps. Le soir, il voit que son réfrigérateur est vide donc on sort pour un dîner en ville. Il y a un lieu sympa à côté de chez lui.

Pire, vous en êtes sûrs. Ce soir, je dois voir mon amie Anne. Cela fait plus d'un an qu'on ne s'est pas vu. Elle vit à Paris, et moi je suis dans le Sud. En plus de ça, on a peu de temps libre. Avant qu'elle ne soit là, je range un peu et passe l'aspirateur. Puis je vais à la gare.

Son train n'est pas là, et je vais dans un café à côté pour tuer le temps. Sur la table à côté de moi, il y a un livre dont le titre parle du bombardement qui a eu lieu à Alger cet été. Je vois une fille en train de se servir au bar.

Son amie porte une robe bleue et d'un coup d'oeil furtif, je note qu'elle fixe le mur en face d'elle.

Un vieux poster avec un gros champignon au centre.

Le poster est en noir et blanc. La scène se passe dans un désert, un océan de sable brun avec une oasis que l'on peut voir au loin. Il n'y a pas âme qui vive dans ce désert, à part un dromadaire qui est figé près d'un point d'eau. Le texte sur le poster est en arabe, je ne peux pas le lire. Sur l'autre mur se trouve une autre image, cette fois une scène dans le futur.

Le ciel n'est pas comme le nôtre, il est violet, avec trois lunes. Un extraterrestre est assis sur le sol.

Il est de dos, mais je peux voir ses grands yeux noirs de profil. Ce dessin n'est pas à mon goût.

On dirait un de ces posters pas chers pour fans de Star Wars, ou ce type de film. Un client lâche sa fourchette, elle tinte sur la table en face de moi. Je vais au bar pour payer. Si son train est à l'heure, Anne sera là dans peu de temps et je dois aller à la gare. Le thé que j'ai pris est hors de prix ; la note que je reçois a un gribouillage dans le coin. Je paie et je pars sans tarder. Dans la gare, tout le monde est pressé. Je fends la foule pour aller sur le bon quai.

Le toit de la gare n'est pas fermé et je peux voir un hélicoptère passer au-dessus de moi. Il va vers la côte et vole assez bas.

Tu luis fais mal. La fin est là, et je suis le seul à le savoir. Ça n'est pas grave. Je ne leur dis rien et je les laisse faire le pire. Bien sûr, je veux en parler avec mon père. Lui au moins a ce qu'il faut pour faire face au kidnapping. Ce n'est pas le cas de tout le monde. Quoi qu'il en soit, ce n'est pas à moi de leur dire d'aller dans un sens ou dans l'autre.

Avec la porte fermée, le bruit cesse et je peux enfin dormir. Dans mon rêve, je suis dans un labyrinthe.

Je sais qu'il n'y a pas de sortie. Alors je vais au hasard, pas à pas. La seule chance de sortir d'ici est de faire le mur.

Ou alors, de voler hors de ce piège. C'est un rêve, donc il me suffit de penser à une montgolfière pour qu'elle soit là et que je puisse partir. Je vole très haut, dans les nuages, mais le son de la ville est là, comme si j'étais en bas. Le rêve change, et cette fois je suis chez moi, à côté de mon lit. Je rêve, mais mes yeux ne sont pas fermés, tel un noctambule. Je me vois rêver dans mon rêve. C'est idiot et ça me fait un peu peur en même temps.

Il y a un écran devant moi, sur lequel une ombre court en rond sur une piste rouge. On dirait les Jeux Olympiques de Berlin en 1936. La course n'en finit pas, puis l'image s'en va.

Après ça, l'écran montre une série de photos en noir et blanc. Je les ai toutes déjà vues, je ne sais plus quand et où. Sur une photo, un portemanteau vide est le seul objet que l'on peut voir dans la pièce. Puis il y a une chaise, avec une table basse à côté.

Il y a un papier sur la table, avec un seul mot d'écrit en gros. Tout le reste a été laissé blanc. Le mot est Questionnaire. Sur la photo d'après, c'est moi que je vois. Je suis en bas, dans le salon, assis par terre.

Il n'y a pas un bruit dans la pièce, tout le monde est parti. Il ne reste plus moi. Je me lève et vais vers le réfrigérateur.

Bien sûr, il est vide et il est trop tard pour sortir.

Tant bien que mal. Ben est avec son amie donc je vais chez moi un peu plus tôt. Il doit aller dans ce bar de la rue York ce soir.

Je dois y aller avec lui. Ça n'est pas bon signe. Une fois chez moi, je sors l'aspirateur et fais le hall.

Je ne veux pas être avec tous ces gens ce soir, et en plus, j'y suis déjà allé une ou deux fois. Je n'ai pas le choix ; j'ai déjà dit que j'irais là-bas. Avec ce qui s'est passé hier, je sais qu'ils ont tous le bombardement en tête. Ça s'est passé loin de nous, et c'est loin d'être fini. Cela ne les gêne pas de tout voir sous cet angle, mais moi je ne peux pas. Alors je vais être ivre mort, même si je sais que ça n'est pas bien. Je me lève et me rends au dîner. Bien sûr, tous les plats du menu sont avec champignon.

Rien de bon pour moi ce soir. Ça ne va pas m'aider. En face de moi à la table, un ami de Ben a un carnet et fait un dessin que je ne peux pas voir de là où je suis.

Je vais à côté de lui pour voir. On dirait un dromadaire ; il est très mal fait donc je ne lui dis rien. Les gens venus pour la fête de Ben sont tous déjà amis, et je suis le plus âgé. Bref, ça n'est pas une super soirée. Je fais de mon mieux, mais il est clair que je suis un extraterrestre pour eux.

Je n'ai qu'une hâte : que le repas soit fini pour que je rentre chez moi. Je sais, je suis là pour Ben, c'est mon ami. C'est juste que je ne me sens pas à l'aise. Mon plat est servi, ça n'est pas trop tôt. Du bout de ma fourchette, je joue avec mon chou.

Je ne suis pas à ma place ici. Je ne sais pas ce qui est prévu pour après le dîner. Tant que ça se finit vite, ça me va.

Je vois que l'ami de Ben a posé son carnet.

Il a fait un drôle de gribouillage. Lui non plus ne parle pas trop. Je ne sais pas où Ben l'a connu, ça n'est pas très clair. En tout cas, il a l'air un peu fou. Je note un son sourd au loin, un peu plus fort que le son des voix à côté de moi. Ça vient du toit et je pense à un hélicoptère, mais je ne vois pas ce qu'il fait ici, si loin de la ville.

Ne le hais pas. Je ne sais pas où elle est. Paul ne m'a rien dit. Cinq jours après, je reçois un appel de son ami. Elle en a tant. Il l'a vue dans un van à coté de chez elle, tard le soir. Son kidnapping a eu lieu il y a six jours. Cet appel, cette drôle de voix, et je sais que ce n'est pas un de ses gags. Je n'ai pas le choix, je dois payer, mais rien ne va assez vite. Et le pire, c'est que je suis seul en face de tout ça, car ses amis, sa mère et son père ne sont pas là. C'est un labyrinthe où j'erre dans le noir.

À côté de ça, Paul veut aller sur l'île pour voir où elle peut être. Il est sûr qu'elle est là-bas. Je n'ai rien de mieux à faire, alors je le suis.

Une fois sur l'île, il nous faut une montgolfière pour tout voir d'en haut. Mais il n'y rien. Le soir est là, et de nuit je ne peux rien faire. Sous un ciel sans lune, je suis la côte. Sans but, je suis les rues et vois que je suis en face de chez moi. Je suis noctambule et je ne sais pas où je vais.

Je ne vois rien non plus. De nuit, sans le savoir, je dors sans fermer les yeux. En plus de ça, un ami m'a dit que je parle dans mes rêves. Il est tôt, mais je vais tout de suite au lit. Je dois être prêt pour les Jeux Olympiques.

Cette nuit-là, je ne rêve pas, et quand je me lève le jour d'après, je ne sais pas où je suis.

Je vois mon lit, ma veste sur le sol, la table à côté de moi.

Puis je vois le portemanteau dans le coin de la pièce, et je sais que je suis chez moi. C'est le jour du test et il ne faut pas que je le rate. J'avoue que j'ai un peu le trac, bien que je sois prêt. En tout cas, c'est ce que je crois. Le test ne doit pas être trop dur. Après le questionnaire, je vais chez l'un de mes amis, Ben, qui vit à côté du lycée.

Il n'y a pas grand chose à faire chez lui, mais on parle de tout et de rien, on passe le temps.

Le soir, il voit que son réfrigérateur est vide donc on sort pour un dîner en ville. Il y a un lieu sympa à côté de chez lui.

Non, lui, il ira loin. Ce soir, je dois voir mon amie Anne. Cela fait plus d'un an qu'on ne s'est pas vu. Elle vit à Paris.

En plus de ça, on a peu de temps libre. Avant qu'elle ne soit là, je range un peu et passe l'aspirateur. Puis je vais à la gare. Son train n'est pas là, et je vais dans un café à côté pour tuer le temps. Je vois une fille en train de se servir au bar. Sur la table à côté d'elle, il y a un livre dont le titre parle du bombardement qui a eu lieu à Alger cet été. Son amie porte une robe bleue et d'un coup d'oeil furtif, je note qu'elle fixe le mur en face d'elle.

Un vieux poster en noir et blanc, avec au centre un gros champignon. La scène se passe dans un désert, un océan de sable brun avec une oasis que l'on peut voir au loin.

Le texte sur le poster est en arabe, je ne peux pas le lire. Il n'y a pas âme qui vive dans ce désert, à part, figé près d'un point d'eau, un dromadaire. Sur l'autre mur se trouve une autre image, cette fois une scène dans le futur. Le ciel n'est pas comme le nôtre, il est violet, avec trois lunes.

On dirait un de ces posters pas chers pour fans de Star Wars, ou ce type de film. Un extraterrestre est assis sur le sol. Il est de dos, mais je peux voir ses grands yeux noirs de profil. Ce dessin n'est pas à mon goût.

Je vais au bar pour payer. À la table en face de moi, un client lâche sa fourchette, qui tinte sur la table.

Si son train est à l'heure, Anne sera là dans peu de temps.

Je paie et je pars sans tarder. Le thé que j'ai pris est hors de prix ; la note que j'ai reçue et que j'ai mise dans ma poche a un gribouillage dans le coin. Dans la gare, tout le monde est pressé. Je fends la foule pour aller sur le bon quai, je ne veux pas être en retard. Au final, je suis trop en avance et le quai est vide.

Je peux voir un hélicoptère passer au-dessus de moi, car le toit de la gare n'est pas fermé. Il va vers la côte.

Pire. Moi je sais. La fin est là, et je suis le seul à le savoir. Ça n'est pas très grave. Je ne leur dis rien et les laisse faire, non sans les aider. Bien sûr, je veux en parler avec mon père. Lui au moins a ce qu'il faut pour faire face au kidnapping.

Ce n'est pas le cas de tout le monde. Quoi qu'il en soit, ce n'est pas à moi de leur dire d'y aller ou pas.

Avec la porte fermée, le bruit cesse et je peux enfin dormir.

Dans mon rêve, je suis dans un labyrinthe. Je sais qu'il n'y a pas de sortie. Alors je vais au hasard, pas à pas. La seule chance de sortir d'ici est de faire le mur. Ou alors, de voler hors de ce piège. C'est un rêve, donc il me suffit de penser à une montgolfière pour qu'elle soit là et que je puisse partir. Je vole très haut, dans les nuages.

Chapitre 14

Sans mon aide. Ben n'est pas là donc je vais chez moi.

Il me dit qu'il doit aller dans ce bar de la rue York pour la fête de ce soir, et que je dois y aller avec lui. Une fois chez moi, je sors l'aspirateur et fais le hall. Je ne veux pas être avec tous ces gens ce soir, et en plus, j'y suis déjà allé une ou deux fois. Je n'ai pas le choix ; j'ai déjà dit que j'irais là-bas. Je ne peux pas ne pas y aller.

Le bombardement s'est passé loin de nous, et c'est loin d'être fini. Cela ne les gêne pas de tout voir sous cet angle.

Alors je vais être ivre mort, même si je sais que ça n'est pas bien. Au dîner, rien de bon pour moi ce soir.

Tous les plats du menu sont avec champignon. Ça ne va pas m'aider. En face de moi à la table, un ami de Ben a un carnet et fait un dessin. Je ne peux pas voir de là où je suis. Je vais à côté de lui pour voir. Il est très mal fait donc je ne lui dis rien, mais on dirait un dromadaire. Les gens venus pour la fête de Ben sont tous déjà amis, et je suis le plus âgé. Bref, ça n'est pas une super soirée. Je fais de mon mieux, mais il est clair que je ne suis pas à ma place ici.

Rends-moi la clé. La fin est là, et je suis le seul à le savoir. Ça n'est pas très grave. Je ne leur dis rien, ils sont mieux sans.

Bien sûr, je veux en parler avec mon père.

Lui au moins a ce qu'il faut pour faire face au kidnapping. Ce n'est pas le cas de tout le monde. Quoi qu'il en soit, ce n'est pas à moi de leur dire d'aller dans un sens ou dans l'autre. Avec la porte fermée, le bruit cesse et je peux enfin dormir. Dans mon rêve, je suis dans un labyrinthe. Je sais qu'il n'y a pas de sortie. Alors je vais au hasard, pas à pas.

La seule chance de sortir d'ici est de faire le mur. Ou alors, de voler hors de ce piège.

Il me suffit de penser à une montgolfière pour qu'elle soit là (ça n'est qu'un rêve) et que je puisse partir.

Je vole très haut, dans les nuages, mais le son de la ville est là, comme si j'étais en bas. Le rêve change, et cette fois je suis chez moi, à côté de mon lit. Tel un noctambule, je rêve, mais mes yeux ne sont pas fermés. Je me vois rêver dans mon rêve. C'est idiot et ça me fait un peu peur en même temps. Il y a un écran devant moi, sur lequel une ombre court en rond sur une piste rouge. On dirait les Jeux Olympiques de Berlin en 1936. La course n'en finit pas, puis l'image s'en va.

Après ça, l'écran montre une série de photos en noir et blanc. Je les ai toutes déjà vues, je ne sais plus quand et où. Sur une photo, un portemanteau est le seul objet dans la pièce.

Puis, sur la photo d'après, il y a une chaise, avec une table basse à côté. Il y a un papier sur la table, avec un seul mot écrit en gros. Tout le reste a été laissé blanc. Le mot est : questionnaire. Sur la photo d'après, c'est moi que je vois. Je suis en bas, dans le salon, assis par terre.

Il n'y a pas un bruit dans la pièce, tout le monde est parti. Il ne reste plus moi, je suis enfin seul. Je me lève et vais vers le réfrigérateur. Bien sûr, il est vide et il est trop tard pour sortir. Ce n'est pas mon jour de chance.

Pour moi-même. Ben est avec son amie donc je pars chez moi un peu plus tôt. Il me dit qu'il doit aller dans ce bar de la rue York pour la fête de ce soir, et que je dois y aller avec lui.

Une fois chez moi, je sors l'aspirateur et fais le hall. Je ne veux pas être avec tous ces gens ce soir, et en plus, j'y suis déjà allé une ou deux fois. Je n'ai pas le choix ; j'ai déjà dit que j'irais là-bas. Avec ce qui s'est passé hier, je sais qu'ils ont tous le bombardement en tête.

Ça s'est passé loin de nous, et c'est loin d'être fini. Cela ne les gêne pas de tout voir sous cet angle, mais moi je ne peux pas. Alors je vais être ivre mort, et je sais que ça n'est pas bien. Au dîner, tous les plats du menu sont avec champignon.

Rien de bon pour moi ce soir. Ça ne va pas m'aider. En face de moi à la table, un ami de Ben a un carnet et fait un dessin.

Je ne peux pas voir de là où je suis.

Je vais à côté de lui pour voir. On dirait un dromadaire ; il est très mal fait donc je ne lui dis rien. Les gens venus pour la fête de Ben sont tous déjà amis, et je suis le plus âgé. Bref, ça n'est pas une super soirée. Je fais de mon mieux, mais il est clair que je ne suis pas à ma place ici. Je suis un extraterrestre pour eux.

Je n'ai qu'une hâte : que le repas soit fini pour que je rentre chez moi. Je sais, je suis là pour Ben, c'est mon ami.

Du bout de ma fourchette, je joue avec le chou que je n'aime pas. C'est juste que je ne me sens pas à l'aise.

Je ne sais pas ce qui est prévu pour après le dîner. Tant que ça se finit vite, ça me va. Je vois que l'ami de Ben (son nom est Marc) a posé son carnet. Il a fait un drôle de gribouillage. Lui non plus ne parle pas trop. Je ne sais pas où Ben l'a connu, ça n'est pas très clair. En tout cas, il a l'air un peu fou. Je note un son sourd au loin, un peu plus fort que le son des voix à côté de moi. Ça vient du toit et je pense à un hélicoptère, mais je ne vois pas ce qu'il fait ici, si loin de la ville.

Sa mère n'est plus là. Je ne sais pas où elle est. Paul ne m'a rien dit du tout. Cinq jours après, je reçois un appel d'un ami, pour me dire qu'il l'a vue dans un van à côté de chez elle, tard le soir. Son kidnapping a eu lieu il y a six jours.

Cet appel, cette drôle de voix, et je sais que ce n'est pas un de ses gags.

Je n'ai pas le choix, je dois payer, mais rien ne va assez vite.

C'est un labyrinthe où j'erre dans le noir. Et le pire, c'est que je suis seul en face de tout ça, car ses amis, sa mère et son père ne sont pas là. À côté de ça, Paul veut aller sur l'île pour voir où elle peut être. Il est sûr qu'elle est là-bas. Une fois sur l'île, il nous faut une montgolfière pour tout voir d'en haut. Je n'ai rien de mieux à faire, alors je le suis.

Mais il n'y rien. Le soir est là, et de nuit je ne peux rien faire. Sous un ciel sans lune, je suis la côte.

Je suis noctambule et je ne sais pas où je vais. Je ne vois rien non plus.

Sans but, je suis les rues et vois que je suis en face de chez moi. Il est tôt, mais je vais tout de suite au lit. Je dois être prêt pour les Jeux Olympiques. De nuit, sans le savoir, je dors sans fermer les yeux. C'est un ami, un jour, qui m'a dit ça. En plus de ça, il m'a dit que je parle dans mes rêves. Cette nuit-là, je ne rêve pas, et quand je me lève le jour d'après, je ne sais pas où je suis. Puis je vois le portemanteau dans le coin de la pièce, et je sais que je suis chez moi.

C'est le jour du test et il ne faut pas que je le rate. J'avoue que j'ai un peu le trac, bien que je sois prêt. En tout cas, c'est ce que je crois. Le questionnaire ne doit pas être trop dur.

Après ça, je vais chez l'un de mes amis, Ben, qui vit à côté du lycée. Il n'y a pas grand chose à faire chez lui, mais on parle de tout et de rien, on passe le temps. Le soir, il voit que son réfrigérateur est vide donc on sort pour un dîner en ville. Il y a un lieu sympa à côté de chez lui.

Pire. C'est un vrai fou. Ce soir, je dois voir mon amie Anne. Cela fait plus d'un an qu'on ne s'est pas vu. Elle vit à Paris, et moi je suis dans le Sud. En plus de ça, on a peu de temps libre. Avant qu'elle ne soit là, je range un peu et passe l'aspirateur. Puis je vais à la gare.

Son train n'est pas là, et je vais dans un café à côté pour tuer le temps. Sur la table à côté de moi, il y a un livre dont le titre parle du bombardement qui a eu lieu à Alger cet été. Je vois une fille en train de se servir au bar.

Son amie porte une robe bleue et d'un coup d'oeil furtif, je note qu'elle fixe le mur en face d'elle.

Un vieux poster avec un gros champignon au centre.

Le poster est en noir et blanc. La scène se passe dans un désert, un océan de sable brun avec une oasis que l'on peut voir au loin. Il n'y a pas âme qui vive dans ce désert, à part un dromadaire qui est figé près d'un point d'eau. Le texte sur le poster est en arabe, je ne peux pas le lire. Sur l'autre mur se trouve une autre image, cette fois une scène dans le futur.

Le ciel n'est pas comme le nôtre, il est violet, avec trois lunes. Un extraterrestre est assis sur le sol.

Il est de dos, mais je peux voir ses grands yeux noirs de profil. Ce dessin n'est pas à mon goût.

On dirait un de ces posters pas chers pour fans de Star Wars, ou ce type de film. Un client lâche sa fourchette, elle tinte sur la table en face de moi. Je vais au bar pour payer. Si son train est à l'heure, Anne sera là dans peu de temps et je dois aller à la gare. Le thé que j'ai pris est hors de prix ; la note que je reçois a un gribouillage dans le coin. Je paie et je pars sans tarder. Dans la gare, tout le monde est pressé. Je fends la foule pour aller sur le bon quai.

Le toit de la gare n'est pas fermé et je peux voir un hélicoptère passer au-dessus de moi. Il va vers la côte et vole assez bas.

Tu me fais mal. La fin est là, et je suis le seul à le savoir. Ça n'est pas très grave. Je ne leur dis rien et les laisse faire le pire. Bien sûr, je veux en parler avec mon père. Lui au moins a ce qu'il faut pour faire face au kidnapping. Ce n'est pas le cas de tout le monde. Quoi qu'il en soit, ce n'est pas à moi de leur dire d'aller dans un sens ou dans l'autre.

Avec la porte fermée, le bruit cesse et je peux enfin dormir. Dans mon rêve, je suis dans un labyrinthe.

Je sais qu'il n'y a pas de sortie. Alors je vais au hasard, pas à pas. La seule chance de sortir d'ici est de faire le mur.

Ou alors, de voler hors de ce piège. C'est un rêve, donc il me suffit de penser à une montgolfière pour qu'elle soit là et que je puisse partir. Je vole très haut, dans les nuages, mais le son de la ville est là, comme si j'étais en bas. Le rêve change, et cette fois je suis chez moi, à côté de mon lit. Je rêve, mais mes yeux ne sont pas fermés, tel un noctambule. Je me vois rêver dans mon rêve. C'est idiot et ça me fait un peu peur en même temps.

Il y a un écran devant moi, sur lequel une ombre court en rond sur une piste rouge. On dirait les Jeux Olympiques de Berlin en 1936. La course n'en finit pas, puis l'image s'en va.

Après ça, l'écran montre une série de photos en noir et blanc. Je les ai toutes déjà vues, je ne sais plus quand et où. Sur une photo, un portemanteau vide est le seul objet que l'on peut voir dans la pièce. Puis il y a une chaise, avec une table basse à côté.

Il y a un papier sur la table, avec un seul mot d'écrit en gros. Tout le reste a été laissé blanc. Le mot est Questionnaire. Sur la photo d'après, c'est moi que je vois. Je suis en bas, dans le salon, assis par terre.

Il n'y a pas un bruit dans la pièce, tout le monde est parti. Il ne reste plus moi. Je me lève et vais vers le réfrigérateur.

Bien sûr, il est vide et il est trop tard pour sortir.

Pour ces gens-là, il faut un rite. Ben est avec son amie donc je vais chez moi. Il doit aller dans ce bar de la rue York ce soir.

Je dois y aller avec lui. Ça n'est pas bon signe. Une fois chez moi, je sors l'aspirateur et fais le hall.

Je ne veux pas être avec tous ces gens ce soir, et en plus, j'y suis déjà allé une ou deux fois. Je n'ai pas le choix ; j'ai déjà dit que j'irais là-bas. Avec ce qui s'est passé hier, je sais qu'ils ont tous le bombardement en tête. Ça s'est passé loin de nous, et c'est loin d'être fini. Cela ne les gêne pas de tout voir sous cet angle, mais moi je ne peux pas. Alors je vais être ivre mort, même si je sais que ça n'est pas bien. Je me lève et me rends au dîner. Bien sûr, tous les plats du menu sont avec champignon.

Rien de bon pour moi ce soir. Ça ne va pas m'aider. En face de moi à la table, un ami de Ben a un carnet et fait un dessin que je ne peux pas voir de là où je suis.

Je vais à côté de lui pour voir. On dirait un dromadaire ; il est très mal fait donc je ne lui dis rien. Les gens venus pour la fête de Ben sont tous déjà amis, et je suis le plus âgé. Bref, ça n'est pas une super soirée. Je fais de mon mieux, mais il est clair que je suis un extraterrestre pour eux.

Je n'ai qu'une hâte : que le repas soit fini pour que je rentre chez moi. Je sais, je suis là pour Ben, c'est mon ami. C'est juste que je ne me sens pas à l'aise. Mon plat est servi, ça n'est pas trop tôt. Du bout de ma fourchette, je joue avec mon chou.

Je ne suis pas à ma place ici. Je ne sais pas ce qui est prévu pour après le dîner. Tant que ça se finit vite, ça me va.

Je vois que l'ami de Ben a posé son carnet.

Il a fait un drôle de gribouillage. Lui non plus ne parle pas trop. Je ne sais pas où Ben l'a connu, ça n'est pas très clair. En tout cas, il a l'air un peu fou. Je note un son sourd au loin, un peu plus fort que le son des voix à côté de moi. Ça vient du toit et je pense à un hélicoptère, mais je ne vois pas ce qu'il fait ici, si loin de la ville.

Sans moi, rien n'est hors de portée. Je ne sais pas où elle est. Paul ne m'a rien dit hier. Cinq jours après, un ami vient pour me dire qu'il l'a vue dans un van près de chez elle. Son kidnapping a eu lieu il y a six jours. Cet appel, cette drôle de voix, et je sais que ce n'est pas un de ses gags. Je n'ai pas le choix, je dois payer, mais rien ne va assez vite. Et le pire, c'est que je suis seul en face de tout ça, car ses amis ne sont pas là. C'est un labyrinthe où j'erre dans le noir.

À côté de ça, Paul veut aller sur l'île pour voir où elle peut être. Il est sûr qu'elle est là-bas. Je n'ai rien de mieux à faire, alors je le suis.

Une fois sur l'île, il nous faut une montgolfière pour tout voir d'en haut. Mais il n'y rien. Le soir est là, et de nuit je ne peux rien faire. Sous un ciel sans lune, je suis la côte. Sans but, je suis les rues et vois que je suis en face de chez moi. Je suis noctambule et je ne sais pas où je vais.

Je ne vois rien non plus. De nuit, sans le savoir, je dors sans fermer les yeux. En plus de ça, un ami m'a dit que je parle dans mes rêves. Il est tôt, mais je vais tout de suite au lit. Je dois être prêt pour les Jeux Olympiques.

Cette nuit-là, je ne rêve pas, et quand je me lève le jour d'après, je ne sais pas où je suis.

Je vois mon lit, ma veste sur le sol, la table à côté de moi.

Puis je vois le portemanteau dans le coin de la pièce, et je sais que je suis chez moi. C'est le jour du test et il ne faut pas que je le rate. J'avoue que j'ai un peu le trac, bien que je sois prêt. En tout cas, c'est ce que je crois. Le test ne doit pas être trop dur. Après le questionnaire, je vais chez l'un de mes amis, Ben, qui vit à côté du lycée.

Il n'y a pas grand chose à faire chez lui, mais on parle de tout et de rien, on passe le temps.

Le soir, il voit que son réfrigérateur est vide donc on sort pour un dîner en ville. Il y a un lieu sympa à côté de chez lui.

Pour moi, il est prêt à tout. Ce soir, je dois voir Anne. Cela fait un an qu'on ne s'est pas vu. Elle vit à Paris.

En plus de ça, on a peu de temps libre. Avant qu'elle ne soit là, je range un peu et passe l'aspirateur. Puis je vais à la gare. Son train n'est pas là, et je vais dans un café à côté pour tuer le temps. Je vois une fille en train de se servir au bar. Sur la table à côté d'elle, il y a un livre dont le titre parle du bombardement qui a eu lieu à Alger cet été. Son amie porte une robe bleue et d'un coup d'oeil furtif, je note qu'elle fixe le mur en face d'elle.

Un vieux poster en noir et blanc, avec au centre un gros champignon. La scène se passe dans un désert, un océan de sable brun avec une oasis que l'on peut voir au loin.

Le texte sur le poster est en arabe, je ne peux pas le lire. Il n'y a pas âme qui vive dans ce désert, à part, figé près d'un point d'eau, un dromadaire. Sur l'autre mur se trouve une autre image, cette fois une scène dans le futur. Le ciel n'est pas comme le nôtre, il est violet, avec trois lunes.

On dirait un de ces posters pas chers pour fans de Star Wars, ou ce type de film. Un extraterrestre est assis sur le sol. Il est de dos, mais je peux voir ses grands yeux noirs de profil. Ce dessin n'est pas à mon goût.

Je vais au bar pour payer. À la table en face de moi, un client lâche sa fourchette, qui tinte sur la table.

Si son train est à l'heure, Anne sera là dans peu de temps.

Je paie et je pars sans tarder. Le thé que j'ai pris est hors de prix ; la note que j'ai reçue et que j'ai mise dans ma poche a un gribouillage dans le coin. Dans la gare, tout le monde est pressé. Je fends la foule pour aller sur le bon quai, je ne veux pas être en retard. Au final, je suis trop en avance et le quai est vide.

Je peux voir un hélicoptère passer au-dessus de moi, car le toit de la gare n'est pas fermé. Il va vers la côte.

Pas du tout. La fin est là, et je suis le seul à le savoir. Ça n'est pas très grave. Je ne leur dis rien, car je ne suis pas fait pour ça. Bien sûr, je veux en parler avec mon père. Lui au moins a ce qu'il faut pour faire face au kidnapping.

Ce n'est pas le cas de tout le monde. Quoi qu'il en soit, ce n'est pas à moi de leur dire d'y aller ou pas.

Avec la porte fermée, le bruit cesse et je peux enfin dormir.

Dans mon rêve, je suis dans un labyrinthe. Je sais qu'il n'y a pas de sortie. Alors je vais au hasard, pas à pas. La seule chance de sortir d'ici est de faire le mur. Ou alors, de voler hors de ce piège. C'est un rêve, donc il me suffit de penser à une montgolfière pour qu'elle soit là et que je puisse partir. Je vole très haut, dans les nuages.

Chapitre 15

Vous n'avez pas d'amis. Ben n'est pas là donc je vais chez moi.

Il me dit qu'il doit aller dans ce bar de la rue York pour la fête de ce soir, et que je dois y aller avec lui. Une fois chez moi, je sors l'aspirateur et fais le hall. Je ne veux pas être avec tous ces gens ce soir, et en plus, j'y suis déjà allé une ou deux fois. Je n'ai pas le choix ; j'ai déjà dit que j'irais là-bas. Je ne peux pas ne pas y aller.

Le bombardement s'est passé loin de nous, et c'est loin d'être fini. Cela ne les gêne pas de tout voir sous cet angle.

Alors je vais être ivre mort, même si je sais que ça n'est pas bien. Au dîner, rien de bon pour moi ce soir.

Tous les plats du menu sont avec champignon. Ça ne va pas m'aider. En face de moi à la table, un ami de Ben a un carnet et fait un dessin. Je ne peux pas voir de là où je suis. Je vais à côté de lui pour voir. Il est très mal fait donc je ne lui dis rien, mais on dirait un dromadaire. Les gens venus pour la fête de Ben sont tous déjà amis, et je suis le plus âgé. Bref, ça n'est pas une super soirée. Je fais de mon mieux, mais il est clair que je ne suis pas à ma place ici.

On ne voit rien. La fin est là, et je suis le seul à le savoir. Ça n'est pas grave. Je ne vous dis rien. Ça n'est pas pour vous.

Bien sûr, je veux en parler avec mon père.

Lui au moins a ce qu'il faut pour faire face au kidnapping. Ce n'est pas le cas de tout le monde. Quoi qu'il en soit, ce n'est pas à moi de leur dire d'aller dans un sens ou dans l'autre. Avec la porte fermée, le bruit cesse et je peux enfin dormir. Dans mon rêve, je suis dans un labyrinthe. Je sais qu'il n'y a pas de sortie. Alors je vais au hasard, pas à pas.

La seule chance de sortir d'ici est de faire le mur. Ou alors, de voler hors de ce piège.

Il me suffit de penser à une montgolfière pour qu'elle soit là (ça n'est qu'un rêve) et que je puisse partir.

Je vole très haut, dans les nuages, mais le son de la ville est là, comme si j'étais en bas. Le rêve change, et cette fois je suis chez moi, à côté de mon lit. Tel un noctambule, je rêve, mais mes yeux ne sont pas fermés. Je me vois rêver dans mon rêve. C'est idiot et ça me fait un peu peur en même temps. Il y a un écran devant moi, sur lequel une ombre court en rond sur une piste rouge. On dirait les Jeux Olympiques de Berlin en 1936. La course n'en finit pas, puis l'image s'en va.

Après ça, l'écran montre une série de photos en noir et blanc. Je les ai toutes déjà vues, je ne sais plus quand et où. Sur une photo, un portemanteau est le seul objet dans la pièce.

Puis, sur la photo d'après, il y a une chaise, avec une table basse à côté. Il y a un papier sur la table, avec un seul mot écrit en gros. Tout le reste a été laissé blanc. Le mot est : questionnaire. Sur la photo d'après, c'est moi que je vois. Je suis en bas, dans le salon, assis par terre.

Il n'y a pas un bruit dans la pièce, tout le monde est parti. Il ne reste plus moi, je suis enfin seul. Je me lève et vais vers le réfrigérateur. Bien sûr, il est vide et il est trop tard pour sortir. Ce n'est pas mon jour de chance.

Près de moi. Ben est avec son amie donc je pars chez moi un peu plus tôt. Il me dit qu'il doit aller dans ce bar de la rue York pour la fête de ce soir, et que je dois y aller avec lui.

Une fois chez moi, je sors l'aspirateur et fais le hall. Je ne veux pas être avec tous ces gens ce soir, et en plus, j'y suis déjà allé une ou deux fois. Je n'ai pas le choix ; j'ai déjà dit que j'irais là-bas. Avec ce qui s'est passé hier, je sais qu'ils ont tous le bombardement en tête.

Ça s'est passé loin de nous, et c'est loin d'être fini. Cela ne les gêne pas de tout voir sous cet angle, mais moi je ne peux pas. Alors je vais être ivre mort, et je sais que ça n'est pas bien. Au dîner, tous les plats du menu sont avec champignon.

Rien de bon pour moi ce soir. Ça ne va pas m'aider. En face de moi à la table, un ami de Ben a un carnet et fait un dessin.

Je ne peux pas voir de là où je suis.

Je vais à côté de lui pour voir. On dirait un dromadaire ; il est très mal fait donc je ne lui dis rien. Les gens venus pour la fête de Ben sont tous déjà amis, et je suis le plus âgé. Bref, ça n'est pas une super soirée. Je fais de mon mieux, mais il est clair que je ne suis pas à ma place ici. Je suis un extraterrestre pour eux.

Je n'ai qu'une hâte : que le repas soit fini pour que je rentre chez moi. Je sais, je suis là pour Ben, c'est mon ami.

Du bout de ma fourchette, je joue avec le chou que je n'aime pas. C'est juste que je ne me sens pas à l'aise.

Je ne sais pas ce qui est prévu pour après le dîner. Tant que ça se finit vite, ça me va. Je vois que l'ami de Ben (son nom est Marc) a posé son carnet. Il a fait un drôle de gribouillage. Lui non plus ne parle pas trop. Je ne sais pas où Ben l'a connu, ça n'est pas très clair. En tout cas, il a l'air un peu fou. Je note un son sourd au loin, un peu plus fort que le son des voix à côté de moi. Ça vient du toit et je pense à un hélicoptère, mais je ne vois pas ce qu'il fait ici, si loin de la ville.

Non, ne nous mens pas. Je ne sais pas où elle est. Paul ne m'a rien dit du tout à ce sujet. Cinq jours plus tard, ou à peu près, je reçois un appel d'un ami, qui me dit qu'il l'a vue dans un van près de chez elle. Son kidnapping a eu lieu il y a six jours.

Cet appel, cette drôle de voix, et je sais que ce n'est pas un de ses gags.

Je n'ai pas le choix, je dois payer, mais rien ne va assez vite.

C'est un labyrinthe où j'erre dans le noir. Et le pire, c'est que je suis seul en face de tout ça, car ses amis, sa mère et son père ne sont pas là. À côté de ça, Paul veut aller sur l'île pour voir où elle peut être. Il est sûr qu'elle est là-bas. Une fois sur l'île, il nous faut une montgolfière pour tout voir d'en haut. Je n'ai rien de mieux à faire, alors je le suis.

Mais il n'y rien. Le soir est là, et de nuit je ne peux rien faire. Sous un ciel sans lune, je suis la côte.

Je suis noctambule et je ne sais pas où je vais. Je ne vois rien non plus.

Sans but, je suis les rues et vois que je suis en face de chez moi. Il est tôt, mais je vais tout de suite au lit. Je dois être prêt pour les Jeux Olympiques. De nuit, sans le savoir, je dors sans fermer les yeux. C'est un ami, un jour, qui m'a dit ça. En plus de ça, il m'a dit que je parle dans mes rêves. Cette nuit-là, je ne rêve pas, et quand je me lève le jour d'après, je ne sais pas où je suis. Puis je vois le portemanteau dans le coin de la pièce, et je sais que je suis chez moi.

C'est le jour du test et il ne faut pas que je le rate. J'avoue que j'ai un peu le trac, bien que je sois prêt. En tout cas, c'est ce que je crois. Le questionnaire ne doit pas être trop dur.

Après ça, je vais chez l'un de mes amis, Ben, qui vit à côté du lycée. Il n'y a pas grand chose à faire chez lui, mais on parle de tout et de rien, on passe le temps. Le soir, il voit que son réfrigérateur est vide donc on sort pour un dîner en ville. Il y a un lieu sympa à côté de chez lui.

Pas d'obus cette fois. Ce soir, je dois voir mon amie Anne. Cela fait plus d'un an qu'on ne s'est pas vu. Elle vit à Paris, et moi je suis dans le Sud. En plus de ça, on a peu de temps libre. Avant qu'elle ne soit là, je range un peu et passe l'aspirateur. Puis je vais à la gare.

Son train n'est pas là, et je vais dans un café à côté pour tuer le temps. Sur la table à côté de moi, il y a un livre dont le titre parle du bombardement qui a eu lieu à Alger cet été. Je vois une fille en train de se servir au bar.

Son amie porte une robe bleue et d'un coup d'oeil furtif, je note qu'elle fixe le mur en face d'elle.

Un vieux poster avec un gros champignon au centre.

Le poster est en noir et blanc. La scène se passe dans un désert, un océan de sable brun avec une oasis que l'on peut voir au loin. Il n'y a pas âme qui vive dans ce désert, à part un dromadaire qui est figé près d'un point d'eau. Le texte sur le poster est en arabe, je ne peux pas le lire. Sur l'autre mur se trouve une autre image, cette fois une scène dans le futur.

Le ciel n'est pas comme le nôtre, il est violet, avec trois lunes. Un extraterrestre est assis sur le sol.

Il est de dos, mais je peux voir ses grands yeux noirs de profil. Ce dessin n'est pas à mon goût.

On dirait un de ces posters pas chers pour fans de Star Wars, ou ce type de film. Un client lâche sa fourchette, elle tinte sur la table en face de moi. Je vais au bar pour payer. Si son train est à l'heure, Anne sera là dans peu de temps et je dois aller à la gare. Le thé que j'ai pris est hors de prix ; la note que je reçois a un gribouillage dans le coin. Je paie et je pars sans tarder. Dans la gare, tout le monde est pressé. Je fends la foule pour aller sur le bon quai.

Le toit de la gare n'est pas fermé et je peux voir un hélicoptère passer au-dessus de moi. Il va vers la côte et vole assez bas.

Plus de peur que de mal. La fin est là, et je suis le seul à savoir. Ça n'est pas grave. Je ne leur dis rien. Bien sûr, je ne peux pas en parler avec mon père. Lui au moins a ce qu'il faut pour faire face au kidnapping. Ce n'est pas le cas de tout le monde. Quoi qu'il en soit, ce n'est pas à moi de leur dire d'aller dans un sens ou dans l'autre.

Avec la porte fermée, le bruit cesse et je peux enfin dormir. Dans mon rêve, je suis dans un labyrinthe.

Je sais qu'il n'y a pas de sortie. Alors je vais au hasard, pas à pas. La seule chance de sortir d'ici est de faire le mur.

Ou alors, de voler hors de ce piège. C'est un rêve, donc il me suffit de penser à une montgolfière pour qu'elle soit là et que je puisse partir. Je vole très haut, dans les nuages, mais le son de la ville est là, comme si j'étais en bas. Le rêve change, et cette fois je suis chez moi, à côté de mon lit. Je rêve, mais mes yeux ne sont pas fermés, tel un noctambule. Je me vois rêver dans mon rêve. C'est idiot et ça me fait un peu peur en même temps.

Il y a un écran devant moi, sur lequel une ombre court en rond sur une piste rouge. On dirait les Jeux Olympiques de Berlin en 1936. La course n'en finit pas, puis l'image s'en va.

Après ça, l'écran montre une série de photos en noir et blanc. Je les ai toutes déjà vues, je ne sais plus quand et où. Sur une photo, un portemanteau vide est le seul objet que l'on peut voir dans la pièce. Puis il y a une chaise, avec une table basse à côté.

Il y a un papier sur la table, avec un seul mot d'écrit en gros. Tout le reste a été laissé blanc. Le mot est Questionnaire. Sur la photo d'après, c'est moi que je vois. Je suis en bas, dans le salon, assis par terre.

Il n'y a pas un bruit dans la pièce, tout le monde est parti. Il ne reste plus moi. Je me lève et vais vers le réfrigérateur.

Bien sûr, il est vide et il est trop tard pour sortir.

Rien ne gèle plus vite que ça. Ben est avec son amie donc je vais chez moi. Il doit aller dans ce bar de la rue York ce soir.

Je dois y aller avec lui. Ça n'est pas bon signe. Une fois chez moi, je sors l'aspirateur et fais le hall.

Je ne veux pas être avec tous ces gens ce soir, et en plus, j'y suis déjà allé une ou deux fois. Je n'ai pas le choix ; j'ai déjà dit que j'irais là-bas. Avec ce qui s'est passé hier, je sais qu'ils ont tous le bombardement en tête. Ça s'est passé loin de nous, et c'est loin d'être fini. Cela ne les gêne pas de tout voir sous cet angle, mais moi je ne peux pas. Alors je vais être ivre mort, même si je sais que ça n'est pas bien. Je me lève et me rends au dîner. Bien sûr, tous les plats du menu sont avec champignon.

Rien de bon pour moi ce soir. Ça ne va pas m'aider. En face de moi à la table, un ami de Ben a un carnet et fait un dessin que je ne peux pas voir de là où je suis.

Je vais à côté de lui pour voir. On dirait un dromadaire ; il est très mal fait donc je ne lui dis rien. Les gens venus pour la fête de Ben sont tous déjà amis, et je suis le plus âgé. Bref, ça n'est pas une super soirée. Je fais de mon mieux, mais il est clair que je suis un extraterrestre pour eux.

Je n'ai qu'une hâte : que le repas soit fini pour que je rentre chez moi. Je sais, je suis là pour Ben, c'est mon ami. C'est juste que je ne me sens pas à l'aise. Mon plat est servi, ça n'est pas trop tôt. Du bout de ma fourchette, je joue avec mon chou.

Je ne suis pas à ma place ici. Je ne sais pas ce qui est prévu pour après le dîner. Tant que ça se finit vite, ça me va.

Je vois que l'ami de Ben a posé son carnet.

Il a fait un drôle de gribouillage. Lui non plus ne parle pas trop. Je ne sais pas où Ben l'a connu, ça n'est pas très clair. En tout cas, il a l'air un peu fou. Je note un son sourd au loin, un peu plus fort que le son des voix à côté de moi. Ça vient du toit et je pense à un hélicoptère, mais je ne vois pas ce qu'il fait ici, si loin de la ville.

Nous ne rions pas. Je ne sais pas où elle est. Paul ne m'a rien dit hier. Cinq jours après, je reçois un appel qui ne sert à rien. Un ami l'a vue dans un van à côté de chez elle, tard le soir. Son kidnapping a eu lieu il y a six jours. Cet appel, cette drôle de voix, et je sais que ce n'est pas un de ses gags. Je n'ai pas le choix, je dois payer, mais rien ne va assez vite. Et le pire, c'est que je suis seul en face de tout ça, car ses amis ne sont pas là. C'est un labyrinthe où j'erre dans le noir.

À côté de ça, Paul veut aller sur l'île pour voir où elle peut être. Il est sûr qu'elle est là-bas. Je n'ai rien de mieux à faire, alors je le suis.

Une fois sur l'île, il nous faut une montgolfière pour tout voir d'en haut. Mais il n'y rien. Le soir est là, et de nuit je ne peux rien faire. Sous un ciel sans lune, je suis la côte. Sans but, je suis les rues et vois que je suis en face de chez moi. Je suis noctambule et je ne sais pas où je vais.

Je ne vois rien non plus. De nuit, sans le savoir, je dors sans fermer les yeux. En plus de ça, un ami m'a dit que je parle dans mes rêves. Il est tôt, mais je vais tout de suite au lit. Je dois être prêt pour les Jeux Olympiques.

Cette nuit-là, je ne rêve pas, et quand je me lève le jour d'après, je ne sais pas où je suis.

Je vois mon lit, ma veste sur le sol, la table à côté de moi.

Puis je vois le portemanteau dans le coin de la pièce, et je sais que je suis chez moi. C'est le jour du test et il ne faut pas que je le rate. J'avoue que j'ai un peu le trac, bien que je sois prêt. En tout cas, c'est ce que je crois. Le test ne doit pas être trop dur. Après le questionnaire, je vais chez l'un de mes amis, Ben, qui vit à côté du lycée.

Il n'y a pas grand chose à faire chez lui, mais on parle de tout et de rien, on passe le temps.

Le soir, il voit que son réfrigérateur est vide donc on sort pour un dîner en ville. Il y a un lieu sympa à côté de chez lui.

Pars d'ici ! Ce soir, je dois voir mon amie Anne. Cela fait plus d'un an qu'on ne s'est pas vu. Elle vit à Paris.

En plus de ça, on a peu de temps libre. Avant qu'elle ne soit là, je range un peu et passe l'aspirateur. Puis je vais à la gare. Son train n'est pas là, et je vais dans un café à côté pour tuer le temps. Je vois une fille en train de se servir au bar. Sur la table à côté d'elle, il y a un livre dont le titre parle du bombardement qui a eu lieu à Alger cet été. Son amie porte une robe bleue et d'un coup d'oeil furtif, je note qu'elle fixe le mur en face d'elle.

Un vieux poster en noir et blanc, avec au centre un gros champignon. La scène se passe dans un désert, un océan de sable brun avec une oasis que l'on peut voir au loin.

Le texte sur le poster est en arabe, je ne peux pas le lire. Il n'y a pas âme qui vive dans ce désert, à part, figé près d'un point d'eau, un dromadaire. Sur l'autre mur se trouve une autre image, cette fois une scène dans le futur. Le ciel n'est pas comme le nôtre, il est violet, avec trois lunes.

On dirait un de ces posters pas chers pour fans de Star Wars, ou ce type de film. Un extraterrestre est assis sur le sol. Il est de dos, mais je peux voir ses grands yeux noirs de profil. Ce dessin n'est pas à mon goût.

Je vais au bar pour payer. À la table en face de moi, un client lâche sa fourchette, qui tinte sur la table.

Si son train est à l'heure, Anne sera là dans peu de temps.

Je paie et je pars sans tarder. Le thé que j'ai pris est hors de prix ; la note que j'ai reçue et que j'ai mise dans ma poche a un gribouillage dans le coin. Dans la gare, tout le monde est pressé. Je fends la foule pour aller sur le bon quai, je ne veux pas être en retard. Au final, je suis trop en avance et le quai est vide.

Je peux voir un hélicoptère passer au-dessus de moi, car le toit de la gare n'est pas fermé. Il va vers la côte.

Qui es-tu ? La fin est là, et je suis le seul à savoir tout ça. Ça n'est pas très grave. Je ne te dis rien du tout et au final tu pars. Bien sûr, je veux en parler avec mon père. Lui au moins a ce qu'il faut pour faire face au kidnapping.

Ce n'est pas le cas de tout le monde. Quoi qu'il en soit, ce n'est pas à moi de leur dire d'y aller ou pas.

Avec la porte fermée, le bruit cesse et je peux enfin dormir.

Dans mon rêve, je suis dans un labyrinthe. Je sais qu'il n'y a pas de sortie. Alors je vais au hasard, pas à pas. La seule chance de sortir d'ici est de faire le mur. Ou alors, de voler hors de ce piège. C'est un rêve, donc il me suffit de penser à une montgolfière pour qu'elle soit là et que je puisse partir. Je vole très haut, dans les nuages.

Chapitre 16

Vous êtes un peu fous. Ben n'est pas là donc je vais chez moi.

Il me dit qu'il doit aller dans ce bar de la rue York pour la fête de ce soir, et que je dois y aller avec lui. Une fois chez moi, je sors l'aspirateur et fais le hall. Je ne veux pas être avec tous ces gens ce soir, et en plus, j'y suis déjà allé une ou deux fois. Je n'ai pas le choix ; j'ai déjà dit que j'irais là-bas. Je ne peux pas ne pas y aller.

Le bombardement s'est passé loin de nous, et c'est loin d'être fini. Cela ne les gêne pas de tout voir sous cet angle.

Alors je vais être ivre mort, même si je sais que ça n'est pas bien. Au dîner, rien de bon pour moi ce soir.

Tous les plats du menu sont avec champignon. Ça ne va pas m'aider. En face de moi à la table, un ami de Ben a un carnet et fait un dessin. Je ne peux pas voir de là où je suis. Je vais à côté de lui pour voir. Il est très mal fait donc je ne lui dis rien, mais on dirait un dromadaire. Les gens venus pour la fête de Ben sont tous déjà amis, et je suis le plus âgé. Bref, ça n'est pas une super soirée. Je fais de mon mieux, mais il est clair que je ne suis pas à ma place ici.

Tu es là pour ça. La fin est là, et je suis le seul à le savoir. Ça n'est pas grave. Je ne vous dis rien. Ça n'est pas pour vous.

Bien sûr, je veux en parler avec mon père.

Lui au moins a ce qu'il faut pour faire face au kidnapping. Ce n'est pas le cas de tout le monde. Quoi qu'il en soit, ce n'est pas à moi de leur dire d'aller dans un sens ou dans l'autre. Avec la porte fermée, le bruit cesse et je peux enfin dormir. Dans mon rêve, je suis dans un labyrinthe. Je sais qu'il n'y a pas de sortie. Alors je vais au hasard, pas à pas.

La seule chance de sortir d'ici est de faire le mur. Ou alors, de voler hors de ce piège.

Il me suffit de penser à une montgolfière pour qu'elle soit là (ça n'est qu'un rêve) et que je puisse partir.

Je vole très haut, dans les nuages, mais le son de la ville est là, comme si j'étais en bas. Le rêve change, et cette fois je suis chez moi, à côté de mon lit. Tel un noctambule, je rêve, mais mes yeux ne sont pas fermés. Je me vois rêver dans mon rêve. C'est idiot et ça me fait un peu peur en même temps. Il y a un écran devant moi, sur lequel une ombre court en rond sur une piste rouge. On dirait les Jeux Olympiques de Berlin en 1936. La course n'en finit pas, puis l'image s'en va.

Après ça, l'écran montre une série de photos en noir et blanc. Je les ai toutes déjà vues, je ne sais plus quand et où. Sur une photo, un portemanteau est le seul objet dans la pièce.

Puis, sur la photo d'après, il y a une chaise, avec une table basse à côté. Il y a un papier sur la table, avec un seul mot écrit en gros. Tout le reste a été laissé blanc. Le mot est : questionnaire. Sur la photo d'après, c'est moi que je vois. Je suis en bas, dans le salon, assis par terre.

Il n'y a pas un bruit dans la pièce, tout le monde est parti. Il ne reste plus moi, je suis enfin seul. Je me lève et vais vers le réfrigérateur. Bien sûr, il est vide et il est trop tard pour sortir. Ce n'est pas mon jour de chance.

Vous êtes mal à l'aise. Ben est avec son amie donc je pars chez moi un peu plus tôt. Il me dit qu'il doit aller dans ce bar de la rue York pour la fête de ce soir, et que je dois y aller avec lui.

Une fois chez moi, je sors l'aspirateur et fais le hall. Je ne veux pas être avec tous ces gens ce soir, et en plus, j'y suis déjà allé une ou deux fois. Je n'ai pas le choix ; j'ai déjà dit que j'irais là-bas. Avec ce qui s'est passé hier, je sais qu'ils ont tous le bombardement en tête.

Ça s'est passé loin de nous, et c'est loin d'être fini. Cela ne les gêne pas de tout voir sous cet angle, mais moi je ne peux pas. Alors je vais être ivre mort, et je sais que ça n'est pas bien. Au dîner, tous les plats du menu sont avec champignon.

Rien de bon pour moi ce soir. Ça ne va pas m'aider. En face de moi à la table, un ami de Ben a un carnet et fait un dessin.

Je ne peux pas voir de là où je suis.

Je vais à côté de lui pour voir. On dirait un dromadaire ; il est très mal fait donc je ne lui dis rien. Les gens venus pour la fête de Ben sont tous déjà amis, et je suis le plus âgé. Bref, ça n'est pas une super soirée. Je fais de mon mieux, mais il est clair que je ne suis pas à ma place ici. Je suis un extraterrestre pour eux.

Je n'ai qu'une hâte : que le repas soit fini pour que je rentre chez moi. Je sais, je suis là pour Ben, c'est mon ami.

Du bout de ma fourchette, je joue avec le chou que je n'aime pas. C'est juste que je ne me sens pas à l'aise.

Je ne sais pas ce qui est prévu pour après le dîner. Tant que ça se finit vite, ça me va. Je vois que l'ami de Ben (son nom est Marc) a posé son carnet. Il a fait un drôle de gribouillage. Lui non plus ne parle pas trop. Je ne sais pas où Ben l'a connu, ça n'est pas très clair. En tout cas, il a l'air un peu fou. Je note un son sourd au loin, un peu plus fort que le son des voix à côté de moi. Ça vient du toit et je pense à un hélicoptère, mais je ne vois pas ce qu'il fait ici, si loin de la ville.

Tu oses dire ça ? Je ne sais pas où elle est. Eux non plus. Paul ne m'a rien dit. Cinq jours après, je reçois un appel pour vous. Un ami, qui me dit qu'il l'a vue dans un van à côté de chez elle, tard le soir. Son kidnapping a eu lieu il y a six jours.

Cet appel, cette drôle de voix, et je sais que ce n'est pas un de ses gags.

Je n'ai pas le choix, je dois payer, mais rien ne va assez vite.

C'est un labyrinthe où j'erre dans le noir. Et le pire, c'est que je suis seul en face de tout ça, car ses amis, sa mère et son père ne sont pas là. À côté de ça, Paul veut aller sur l'île pour voir où elle peut être. Il est sûr qu'elle est là-bas. Une fois sur l'île, il nous faut une montgolfière pour tout voir d'en haut. Je n'ai rien de mieux à faire, alors je le suis.

Mais il n'y rien. Le soir est là, et de nuit je ne peux rien faire. Sous un ciel sans lune, je suis la côte.

Je suis noctambule et je ne sais pas où je vais. Je ne vois rien non plus.

Sans but, je suis les rues et vois que je suis en face de chez moi. Il est tôt, mais je vais tout de suite au lit. Je dois être prêt pour les Jeux Olympiques. De nuit, sans le savoir, je dors sans fermer les yeux. C'est un ami, un jour, qui m'a dit ça. En plus de ça, il m'a dit que je parle dans mes rêves. Cette nuit-là, je ne rêve pas, et quand je me lève le jour d'après, je ne sais pas où je suis. Puis je vois le portemanteau dans le coin de la pièce, et je sais que je suis chez moi.

C'est le jour du test et il ne faut pas que je le rate. J'avoue que j'ai un peu le trac, bien que je sois prêt. En tout cas, c'est ce que je crois. Le questionnaire ne doit pas être trop dur.

Après ça, je vais chez l'un de mes amis, Ben, qui vit à côté du lycée. Il n'y a pas grand chose à faire chez lui, mais on parle de tout et de rien, on passe le temps. Le soir, il voit que son réfrigérateur est vide donc on sort pour un dîner en ville. Il y a un lieu sympa à côté de chez lui.

Vous en êtes sûrs ? Ce soir, je dois voir mon amie Anne. Cela fait plus d'un an qu'on ne s'est pas vu. Elle vit à Paris, et moi je suis dans le Sud. En plus de ça, on a peu de temps libre. Avant qu'elle ne soit là, je range un peu et passe l'aspirateur. Puis je vais à la gare.

Son train n'est pas là, et je vais dans un café à côté pour tuer le temps. Sur la table à côté de moi, il y a un livre dont le titre parle du bombardement qui a eu lieu à Alger cet été. Je vois une fille en train de se servir au bar.

Son amie porte une robe bleue et d'un coup d'oeil furtif, je note qu'elle fixe le mur en face d'elle.

Un vieux poster avec un gros champignon au centre.

Le poster est en noir et blanc. La scène se passe dans un désert, un océan de sable brun avec une oasis que l'on peut voir au loin. Il n'y a pas âme qui vive dans ce désert, à part un dromadaire qui est figé près d'un point d'eau. Le texte sur le poster est en arabe, je ne peux pas le lire. Sur l'autre mur se trouve une autre image, cette fois une scène dans le futur.

Le ciel n'est pas comme le nôtre, il est violet, avec trois lunes. Un extraterrestre est assis sur le sol.

Il est de dos, mais je peux voir ses grands yeux noirs de profil. Ce dessin n'est pas à mon goût.

On dirait un de ces posters pas chers pour fans de Star Wars, ou ce type de film. Un client lâche sa fourchette, elle tinte sur la table en face de moi. Je vais au bar pour payer. Si son train est à l'heure, Anne sera là dans peu de temps et je dois aller à la gare. Le thé que j'ai pris est hors de prix ; la note que je reçois a un gribouillage dans le coin. Je paie et je pars sans tarder. Dans la gare, tout le monde est pressé. Je fends la foule pour aller sur le bon quai.

Le toit de la gare n'est pas fermé et je peux voir un hélicoptère passer au-dessus de moi. Il va vers la côte et vole assez bas.

Tu es fier de lui. La fin est là, et je suis le seul à le savoir. Ça n'est pas très grave. Je ne vous dis rien du tout, et je vous laisse faire. Bien sûr, je veux en parler avec mon père. Lui au moins a ce qu'il faut pour faire face au kidnapping. Ce n'est pas le cas de tout le monde. Quoi qu'il en soit, ce n'est pas à moi de leur dire d'aller dans un sens ou dans l'autre.

Avec la porte fermée, le bruit cesse et je peux enfin dormir. Dans mon rêve, je suis dans un labyrinthe.

Je sais qu'il n'y a pas de sortie. Alors je vais au hasard, pas à pas. La seule chance de sortir d'ici est de faire le mur.

Ou alors, de voler hors de ce piège. C'est un rêve, donc il me suffit de penser à une montgolfière pour qu'elle soit là et que je puisse partir. Je vole très haut, dans les nuages, mais le son de la ville est là, comme si j'étais en bas. Le rêve change, et cette fois je suis chez moi, à côté de mon lit. Je rêve, mais mes yeux ne sont pas fermés, tel un noctambule. Je me vois rêver dans mon rêve. C'est idiot et ça me fait un peu peur en même temps.

Il y a un écran devant moi, sur lequel une ombre court en rond sur une piste rouge. On dirait les Jeux Olympiques de Berlin en 1936. La course n'en finit pas, puis l'image s'en va.

Après ça, l'écran montre une série de photos en noir et blanc. Je les ai toutes déjà vues, je ne sais plus quand et où. Sur une photo, un portemanteau vide est le seul objet que l'on peut voir dans la pièce. Puis il y a une chaise, avec une table basse à côté.

Il y a un papier sur la table, avec un seul mot d'écrit en gros. Tout le reste a été laissé blanc. Le mot est Questionnaire. Sur la photo d'après, c'est moi que je vois. Je suis en bas, dans le salon, assis par terre.

Il n'y a pas un bruit dans la pièce, tout le monde est parti. Il ne reste plus moi. Je me lève et vais vers le réfrigérateur.

Bien sûr, il est vide et il est trop tard pour sortir.

Vous êtes gêné. Ben est avec son amie donc je pars chez moi un peu plus tôt. Il doit aller dans ce bar de la rue York ce soir.

Je dois y aller avec lui. Ça n'est pas bon signe. Une fois chez moi, je sors l'aspirateur et fais le hall.

Je ne veux pas être avec tous ces gens ce soir, et en plus, j'y suis déjà allé une ou deux fois. Je n'ai pas le choix ; j'ai déjà dit que j'irais là-bas. Avec ce qui s'est passé hier, je sais qu'ils ont tous le bombardement en tête. Ça s'est passé loin de nous, et c'est loin d'être fini. Cela ne les gêne pas de tout voir sous cet angle, mais moi je ne peux pas. Alors je vais être ivre mort, même si je sais que ça n'est pas bien. Je me lève et me rends au dîner. Bien sûr, tous les plats du menu sont avec champignon.

Rien de bon pour moi ce soir. Ça ne va pas m'aider. En face de moi à la table, un ami de Ben a un carnet et fait un dessin que je ne peux pas voir de là où je suis.

Je vais à côté de lui pour voir. On dirait un dromadaire ; il est très mal fait donc je ne lui dis rien. Les gens venus pour la fête de Ben sont tous déjà amis, et je suis le plus âgé. Bref, ça n'est pas une super soirée. Je fais de mon mieux, mais il est clair que je suis un extraterrestre pour eux.

Je n'ai qu'une hâte : que le repas soit fini pour que je rentre chez moi. Je sais, je suis là pour Ben, c'est mon ami. C'est juste que je ne me sens pas à l'aise. Mon plat est servi, ça n'est pas trop tôt. Du bout de ma fourchette, je joue avec mon chou.

Je ne suis pas à ma place ici. Je ne sais pas ce qui est prévu pour après le dîner. Tant que ça se finit vite, ça me va.

Je vois que l'ami de Ben a posé son carnet.

Il a fait un drôle de gribouillage. Lui non plus ne parle pas trop. Je ne sais pas où Ben l'a connu, ça n'est pas très clair. En tout cas, il a l'air un peu fou. Je note un son sourd au loin, un peu plus fort que le son des voix à côté de moi. Ça vient du toit et je pense à un hélicoptère, mais je ne vois pas ce qu'il fait ici, si loin de la ville.

Tu es rusé. Je ne sais pas où elle est. Paul ne m'a rien dit à ce sujet. Cinq jours après, je reçois un appel d'un ami pour vous. Il me dit qu'il l'a vue dans un van à côté de chez elle, tard le soir. Son kidnapping a eu lieu il y a six jours. Cet appel, cette drôle de voix, et je sais que ce n'est pas un de ses gags. Je n'ai pas le choix, je dois payer, mais rien ne va assez vite. Et le pire, c'est que je suis seul en face de tout ça, car ses amis ne sont pas là. C'est un labyrinthe où j'erre dans le noir.

À côté de ça, Paul veut aller sur l'île pour voir où elle peut être. Il est sûr qu'elle est là-bas. Je n'ai rien de mieux à faire, alors je le suis.

Une fois sur l'île, il nous faut une montgolfière pour tout voir d'en haut. Mais il n'y rien. Le soir est là, et de nuit je ne peux rien faire. Sous un ciel sans lune, je suis la côte. Sans but, je suis les rues et vois que je suis en face de chez moi. Je suis noctambule et je ne sais pas où je vais.

Je ne vois rien non plus. De nuit, sans le savoir, je dors sans fermer les yeux. En plus de ça, un ami m'a dit que je parle dans mes rêves. Il est tôt, mais je vais tout de suite au lit. Je dois être prêt pour les Jeux Olympiques.

Cette nuit-là, je ne rêve pas, et quand je me lève le jour d'après, je ne sais pas où je suis.

Je vois mon lit, ma veste sur le sol, la table à côté de moi.

Puis je vois le portemanteau dans le coin de la pièce, et je sais que je suis chez moi. C'est le jour du test et il ne faut pas que je le rate. J'avoue que j'ai un peu le trac, bien que je sois prêt. En tout cas, c'est ce que je crois. Le test ne doit pas être trop dur. Après le questionnaire, je vais chez l'un de mes amis, Ben, qui vit à côté du lycée.

Il n'y a pas grand chose à faire chez lui, mais on parle de tout et de rien, on passe le temps.

Le soir, il voit que son réfrigérateur est vide donc on sort pour un dîner en ville. Il y a un lieu sympa à côté de chez lui.

Qui est-il ? Ce soir, je dois voir mon amie Anne. Cela fait plus d'un an qu'on ne s'est pas vu. Elle vit à Paris.

En plus de ça, on a peu de temps libre. Avant qu'elle ne soit là, je range un peu et passe l'aspirateur. Puis je vais à la gare. Son train n'est pas là, et je vais dans un café à côté pour tuer le temps. Je vois une fille en train de se servir au bar. Sur la table à côté d'elle, il y a un livre dont le titre parle du bombardement qui a eu lieu à Alger cet été. Son amie porte une robe bleue et d'un coup d'oeil furtif, je note qu'elle fixe le mur en face d'elle.

Un vieux poster en noir et blanc, avec au centre un gros champignon. La scène se passe dans un désert, un océan de sable brun avec une oasis que l'on peut voir au loin.

Le texte sur le poster est en arabe, je ne peux pas le lire. Il n'y a pas âme qui vive dans ce désert, à part, figé près d'un point d'eau, un dromadaire. Sur l'autre mur se trouve une autre image, cette fois une scène dans le futur. Le ciel n'est pas comme le nôtre, il est violet, avec trois lunes.

On dirait un de ces posters pas chers pour fans de Star Wars, ou ce type de film. Un extraterrestre est assis sur le sol. Il est de dos, mais je peux voir ses grands yeux noirs de profil. Ce dessin n'est pas à mon goût.

Je vais au bar pour payer. À la table en face de moi, un client lâche sa fourchette, qui tinte sur la table.

Si son train est à l'heure, Anne sera là dans peu de temps.

Je paie et je pars sans tarder. Le thé que j'ai pris est hors de prix ; la note que j'ai reçue et que j'ai mise dans ma poche a un gribouillage dans le coin. Dans la gare, tout le monde est pressé. Je fends la foule pour aller sur le bon quai, je ne veux pas être en retard. Au final, je suis trop en avance et le quai est vide.

Je peux voir un hélicoptère passer au-dessus de moi, car le toit de la gare n'est pas fermé. Il va vers la côte.

Que fais-je ici ? La fin est là, et je suis le seul à savoir tout ça. Ça n'est pas très grave. Je ne lui dis rien et je le laisse voir qui il veut. Bien sûr, je veux en parler avec mon père. Lui au moins a ce qu'il faut pour faire face au kidnapping.

Ce n'est pas le cas de tout le monde. Quoi qu'il en soit, ce n'est pas à moi de leur dire d'y aller ou pas.

Avec la porte fermée, le bruit cesse et je peux enfin dormir.

Dans mon rêve, je suis dans un labyrinthe. Je sais qu'il n'y a pas de sortie. Alors je vais au hasard, pas à pas. La seule chance de sortir d'ici est de faire le mur. Ou alors, de voler hors de ce piège. C'est un rêve, donc il me suffit de penser à une montgolfière pour qu'elle soit là et que je puisse partir. Je vole très haut, dans les nuages.

Chapitre 17

Tant pis, avec eux ce sera pire. Ben n'est pas là.

Il me dit qu'il doit aller dans ce bar de la rue York pour la fête de ce soir, et que je dois y aller avec lui. Une fois chez moi, je sors l'aspirateur et fais le hall. Je ne veux pas être avec tous ces gens ce soir, et en plus, j'y suis déjà allé une ou deux fois. Je n'ai pas le choix ; j'ai déjà dit que j'irais là-bas. Je ne peux pas ne pas y aller.

Le bombardement s'est passé loin de nous, et c'est loin d'être fini. Cela ne les gêne pas de tout voir sous cet angle.

Alors je vais être ivre mort, même si je sais que ça n'est pas bien. Au dîner, rien de bon pour moi ce soir.

Tous les plats du menu sont avec champignon. Ça ne va pas m'aider. En face de moi à la table, un ami de Ben a un carnet et fait un dessin. Je ne peux pas voir de là où je suis. Je vais à côté de lui pour voir. Il est très mal fait donc je ne lui dis rien, mais on dirait un dromadaire. Les gens venus pour la fête de Ben sont tous déjà amis, et je suis le plus âgé. Bref, ça n'est pas une super soirée. Je fais de mon mieux, mais il est clair que je ne suis pas à ma place ici.

Va par là. La fin est proche, et je suis le seul à le savoir. Ça n'est pas très grave. Je ne leur dis rien. Vous m'en direz tant.

Bien sûr, je veux en parler avec mon père.

Lui au moins a ce qu'il faut pour faire face au kidnapping. Ce n'est pas le cas de tout le monde. Quoi qu'il en soit, ce n'est pas à moi de leur dire d'aller dans un sens ou dans l'autre. Avec la porte fermée, le bruit cesse et je peux enfin dormir. Dans mon rêve, je suis dans un labyrinthe. Je sais qu'il n'y a pas de sortie. Alors je vais au hasard, pas à pas.

La seule chance de sortir d'ici est de faire le mur. Ou alors, de voler hors de ce piège.

Il me suffit de penser à une montgolfière pour qu'elle soit là (ça n'est qu'un rêve) et que je puisse partir.

Je vole très haut, dans les nuages, mais le son de la ville est là, comme si j'étais en bas. Le rêve change, et cette fois je suis chez moi, à côté de mon lit. Tel un noctambule, je rêve, mais mes yeux ne sont pas fermés. Je me vois rêver dans mon rêve. C'est idiot et ça me fait un peu peur en même temps. Il y a un écran devant moi, sur lequel une ombre court en rond sur une piste rouge. On dirait les Jeux Olympiques de Berlin en 1936. La course n'en finit pas, puis l'image s'en va.

Après ça, l'écran montre une série de photos en noir et blanc. Je les ai toutes déjà vues, je ne sais plus quand et où. Sur une photo, un portemanteau est le seul objet dans la pièce.

Puis, sur la photo d'après, il y a une chaise, avec une table basse à côté. Il y a un papier sur la table, avec un seul mot écrit en gros. Tout le reste a été laissé blanc. Le mot est : questionnaire. Sur la photo d'après, c'est moi que je vois. Je suis en bas, dans le salon, assis par terre.

Il n'y a pas un bruit dans la pièce, tout le monde est parti. Il ne reste plus moi, je suis enfin seul. Je me lève et vais vers le réfrigérateur. Bien sûr, il est vide et il est trop tard pour sortir. Ce n'est pas mon jour de chance.

Tant pis, ça ne fait rien. Ben est avec son amie donc je vais chez moi. Il me dit qu'il doit aller dans ce bar de la rue York pour la fête de ce soir, et que je dois y aller avec lui.

Une fois chez moi, je sors l'aspirateur et fais le hall. Je ne veux pas être avec tous ces gens ce soir, et en plus, j'y suis déjà allé une ou deux fois. Je n'ai pas le choix ; j'ai déjà dit que j'irais là-bas. Avec ce qui s'est passé hier, je sais qu'ils ont tous le bombardement en tête.

Ça s'est passé loin de nous, et c'est loin d'être fini. Cela ne les gêne pas de tout voir sous cet angle, mais moi je ne peux pas. Alors je vais être ivre mort, et je sais que ça n'est pas bien. Au dîner, tous les plats du menu sont avec champignon.

Rien de bon pour moi ce soir. Ça ne va pas m'aider. En face de moi à la table, un ami de Ben a un carnet et fait un dessin.

Je ne peux pas voir de là où je suis.

Je vais à côté de lui pour voir. On dirait un dromadaire ; il est très mal fait donc je ne lui dis rien. Les gens venus pour la fête de Ben sont tous déjà amis, et je suis le plus âgé. Bref, ça n'est pas une super soirée. Je fais de mon mieux, mais il est clair que je ne suis pas à ma place ici. Je suis un extraterrestre pour eux.

Je n'ai qu'une hâte : que le repas soit fini pour que je rentre chez moi. Je sais, je suis là pour Ben, c'est mon ami.

Du bout de ma fourchette, je joue avec le chou que je n'aime pas. C'est juste que je ne me sens pas à l'aise.

Je ne sais pas ce qui est prévu pour après le dîner. Tant que ça se finit vite, ça me va. Je vois que l'ami de Ben (son nom est Marc) a posé son carnet. Il a fait un drôle de gribouillage. Lui non plus ne parle pas trop. Je ne sais pas où Ben l'a connu, ça n'est pas très clair. En tout cas, il a l'air un peu fou. Je note un son sourd au loin, un peu plus fort que le son des voix à côté de moi. Ça vient du toit et je pense à un hélicoptère, mais je ne vois pas ce qu'il fait ici, si loin de la ville.

Une fois de plus, c'est pour moi. Je ne sais pas où elle est. Paul ne m'a rien dit du tout à ce sujet. Cinq jours plus tard, tant bien que mal, je reçois un appel d'un ami : il l'a vue dans un van près de chez elle. Son kidnapping a eu lieu il y a six jours.

Cet appel, cette drôle de voix, et je sais que ce n'est pas un de ses gags.

Je n'ai pas le choix, je dois payer, mais rien ne va assez vite.

C'est un labyrinthe où j'erre dans le noir. Et le pire, c'est que je suis seul en face de tout ça, car ses amis, sa mère et son père ne sont pas là. À côté de ça, Paul veut aller sur l'île pour voir où elle peut être. Il est sûr qu'elle est là-bas. Une fois sur l'île, il nous faut une montgolfière pour tout voir d'en haut. Je n'ai rien de mieux à faire, alors je le suis.

Mais il n'y rien. Le soir est là, et de nuit je ne peux rien faire. Sous un ciel sans lune, je suis la côte.

Je suis noctambule et je ne sais pas où je vais. Je ne vois rien non plus.

Sans but, je suis les rues et vois que je suis en face de chez moi. Il est tôt, mais je vais tout de suite au lit. Je dois être prêt pour les Jeux Olympiques. De nuit, sans le savoir, je dors sans fermer les yeux. C'est un ami, un jour, qui m'a dit ça. En plus de ça, il m'a dit que je parle dans mes rêves. Cette nuit-là, je ne rêve pas, et quand je me lève le jour d'après, je ne sais pas où je suis. Puis je vois le portemanteau dans le coin de la pièce, et je sais que je suis chez moi.

C'est le jour du test et il ne faut pas que je le rate. J'avoue que j'ai un peu le trac, bien que je sois prêt. En tout cas, c'est ce que je crois. Le questionnaire ne doit pas être trop dur.

Après ça, je vais chez l'un de mes amis, Ben, qui vit à côté du lycée. Il n'y a pas grand chose à faire chez lui, mais on parle de tout et de rien, on passe le temps. Le soir, il voit que son réfrigérateur est vide donc on sort pour un dîner en ville. Il y a un lieu sympa à côté de chez lui.

Son père est là. Ce soir, je dois voir mon amie Anne. Cela fait plus d'un an qu'on ne s'est pas vu. Elle vit à Paris, et moi je suis dans le Sud. En plus de ça, on a peu de temps libre. Avant qu'elle ne soit là, je range un peu et passe l'aspirateur. Puis je vais à la gare.

Son train n'est pas là, et je vais dans un café à côté pour tuer le temps. Sur la table à côté de moi, il y a un livre dont le titre parle du bombardement qui a eu lieu à Alger cet été. Je vois une fille en train de se servir au bar.

Son amie porte une robe bleue et d'un coup d'oeil furtif, je note qu'elle fixe le mur en face d'elle.

Un vieux poster avec un gros champignon au centre.

Le poster est en noir et blanc. La scène se passe dans un désert, un océan de sable brun avec une oasis que l'on peut voir au loin. Il n'y a pas âme qui vive dans ce désert, à part un dromadaire qui est figé près d'un point d'eau. Le texte sur le poster est en arabe, je ne peux pas le lire. Sur l'autre mur se trouve une autre image, cette fois une scène dans le futur.

Le ciel n'est pas comme le nôtre, il est violet, avec trois lunes. Un extraterrestre est assis sur le sol.

Il est de dos, mais je peux voir ses grands yeux noirs de profil. Ce dessin n'est pas à mon goût.

On dirait un de ces posters pas chers pour fans de Star Wars, ou ce type de film. Un client lâche sa fourchette, elle tinte sur la table en face de moi. Je vais au bar pour payer. Si son train est à l'heure, Anne sera là dans peu de temps et je dois aller à la gare. Le thé que j'ai pris est hors de prix ; la note que je reçois a un gribouillage dans le coin. Je paie et je pars sans tarder. Dans la gare, tout le monde est pressé. Je fends la foule pour aller sur le bon quai.

Le toit de la gare n'est pas fermé et je peux voir un hélicoptère passer au-dessus de moi. Il va vers la côte et vole assez bas.

Ne pars pas ! La fin est là, et je suis le seul à savoir tout ça. Ça n'est pas très grave. Je ne le dis rien, et je le laisse faire son truc. Bien sûr, je veux en parler avec mon père. Lui au moins a ce qu'il faut pour faire face au kidnapping. Ce n'est pas le cas de tout le monde. Quoi qu'il en soit, ce n'est pas à moi de leur dire d'aller dans un sens ou dans l'autre.

Avec la porte fermée, le bruit cesse et je peux enfin dormir. Dans mon rêve, je suis dans un labyrinthe.

Je sais qu'il n'y a pas de sortie. Alors je vais au hasard, pas à pas. La seule chance de sortir d'ici est de faire le mur.

Ou alors, de voler hors de ce piège. C'est un rêve, donc il me suffit de penser à une montgolfière pour qu'elle soit là et que je puisse partir. Je vole très haut, dans les nuages, mais le son de la ville est là, comme si j'étais en bas. Le rêve change, et cette fois je suis chez moi, à côté de mon lit. Je rêve, mais mes yeux ne sont pas fermés, tel un noctambule. Je me vois rêver dans mon rêve. C'est idiot et ça me fait un peu peur en même temps.

Il y a un écran devant moi, sur lequel une ombre court en rond sur une piste rouge. On dirait les Jeux Olympiques de Berlin en 1936. La course n'en finit pas, puis l'image s'en va.

Après ça, l'écran montre une série de photos en noir et blanc. Je les ai toutes déjà vues, je ne sais plus quand et où. Sur une photo, un portemanteau vide est le seul objet que l'on peut voir dans la pièce. Puis il y a une chaise, avec une table basse à côté.

Il y a un papier sur la table, avec un seul mot d'écrit en gros. Tout le reste a été laissé blanc. Le mot est Questionnaire. Sur la photo d'après, c'est moi que je vois. Je suis en bas, dans le salon, assis par terre.

Il n'y a pas un bruit dans la pièce, tout le monde est parti. Il ne reste plus moi. Je me lève et vais vers le réfrigérateur.

Bien sûr, il est vide et il est trop tard pour sortir.

Tant pis, gère ça sans moi. Ben est avec son amie donc je vais chez moi. Il doit aller dans ce bar de la rue York ce soir.

Je dois y aller avec lui. Ça n'est pas bon signe. Une fois chez moi, je sors l'aspirateur et fais le hall.

Je ne veux pas être avec tous ces gens ce soir, et en plus, j'y suis déjà allé une ou deux fois. Je n'ai pas le choix ; j'ai déjà dit que j'irais là-bas. Avec ce qui s'est passé hier, je sais qu'ils ont tous le bombardement en tête. Ça s'est passé loin de nous, et c'est loin d'être fini. Cela ne les gêne pas de tout voir sous cet angle, mais moi je ne peux pas. Alors je vais être ivre mort, même si je sais que ça n'est pas bien. Je me lève et me rends au dîner. Bien sûr, tous les plats du menu sont avec champignon.

Rien de bon pour moi ce soir. Ça ne va pas m'aider. En face de moi à la table, un ami de Ben a un carnet et fait un dessin que je ne peux pas voir de là où je suis.

Je vais à côté de lui pour voir. On dirait un dromadaire ; il est très mal fait donc je ne lui dis rien. Les gens venus pour la fête de Ben sont tous déjà amis, et je suis le plus âgé. Bref, ça n'est pas une super soirée. Je fais de mon mieux, mais il est clair que je suis un extraterrestre pour eux.

Je n'ai qu'une hâte : que le repas soit fini pour que je rentre chez moi. Je sais, je suis là pour Ben, c'est mon ami. C'est juste que je ne me sens pas à l'aise. Mon plat est servi, ça n'est pas trop tôt. Du bout de ma fourchette, je joue avec mon chou.

Je ne suis pas à ma place ici. Je ne sais pas ce qui est prévu pour après le dîner. Tant que ça se finit vite, ça me va.

Je vois que l'ami de Ben a posé son carnet.

Il a fait un drôle de gribouillage. Lui non plus ne parle pas trop. Je ne sais pas où Ben l'a connu, ça n'est pas très clair. En tout cas, il a l'air un peu fou. Je note un son sourd au loin, un peu plus fort que le son des voix à côté de moi. Ça vient du toit et je pense à un hélicoptère, mais je ne vois pas ce qu'il fait ici, si loin de la ville.

Trois fois rien. Je ne sais pas où elle est. Paul ne m'a rien dit du tout à ce sujet. Cinq ou six jours plus tard, un ami me dit, tant bien que mal, qu'il l'a vue dans un van près de chez elle. Son kidnapping a eu lieu il y a six jours. Cet appel, cette drôle de voix, et je sais que ce n'est pas un de ses gags. Je n'ai pas le choix, je dois payer, mais rien ne va assez vite. Et le pire, c'est que je suis seul en face de tout ça, car ses amis, sa mère et son père ne sont pas là. C'est un labyrinthe où j'erre dans le noir.

À côté de ça, Paul veut aller sur l'île pour voir où elle peut être. Il est sûr qu'elle est là-bas. Je n'ai rien de mieux à faire, alors je le suis.

Une fois sur l'île, il nous faut une montgolfière pour tout voir d'en haut. Mais il n'y rien. Le soir est là, et de nuit je ne peux rien faire. Sous un ciel sans lune, je suis la côte. Sans but, je suis les rues et vois que je suis en face de chez moi. Je suis noctambule et je ne sais pas où je vais.

Je ne vois rien non plus. De nuit, sans le savoir, je dors sans fermer les yeux. En plus de ça, un ami m'a dit que je parle dans mes rêves. Il est tôt, mais je vais tout de suite au lit. Je dois être prêt pour les Jeux Olympiques.

Cette nuit-là, je ne rêve pas, et quand je me lève le jour d'après, je ne sais pas où je suis.

Je vois mon lit, ma veste sur le sol, la table à côté de moi.

Puis je vois le portemanteau dans le coin de la pièce, et je sais que je suis chez moi. C'est le jour du test et il ne faut pas que je le rate. J'avoue que j'ai un peu le trac, bien que je sois prêt. En tout cas, c'est ce que je crois. Le test ne doit pas être trop dur. Après le questionnaire, je vais chez l'un de mes amis, Ben, qui vit à côté du lycée.

Il n'y a pas grand chose à faire chez lui, mais on parle de tout et de rien, on passe le temps.

Le soir, il voit que son réfrigérateur est vide donc on sort pour un dîner en ville. Il y a un lieu sympa à côté de chez lui.

Que fait-il ici ? Ce soir, je dois voir mon amie Anne. Cela fait plus d'un an qu'on ne s'est pas vu. Elle vit à Paris.

En plus de ça, on a peu de temps libre. Avant qu'elle ne soit là, je range un peu et passe l'aspirateur. Puis je vais à la gare. Son train n'est pas là, et je vais dans un café à côté pour tuer le temps. Je vois une fille en train de se servir au bar. Sur la table à côté d'elle, il y a un livre dont le titre parle du bombardement qui a eu lieu à Alger cet été. Son amie porte une robe bleue et d'un coup d'oeil furtif, je note qu'elle fixe le mur en face d'elle.

Un vieux poster en noir et blanc, avec au centre un gros champignon. La scène se passe dans un désert, un océan de sable brun avec une oasis que l'on peut voir au loin.

Le texte sur le poster est en arabe, je ne peux pas le lire. Il n'y a pas âme qui vive dans ce désert, à part, figé près d'un point d'eau, un dromadaire. Sur l'autre mur se trouve une autre image, cette fois une scène dans le futur. Le ciel n'est pas comme le nôtre, il est violet, avec trois lunes.

On dirait un de ces posters pas chers pour fans de Star Wars, ou ce type de film. Un extraterrestre est assis sur le sol. Il est de dos, mais je peux voir ses grands yeux noirs de profil. Ce dessin n'est pas à mon goût.

Je vais au bar pour payer. À la table en face de moi, un client lâche sa fourchette, qui tinte sur la table.

Si son train est à l'heure, Anne sera là dans peu de temps.

Je paie et je pars sans tarder. Le thé que j'ai pris est hors de prix ; la note que j'ai reçue et que j'ai mise dans ma poche a un gribouillage dans le coin. Dans la gare, tout le monde est pressé. Je fends la foule pour aller sur le bon quai, je ne veux pas être en retard. Au final, je suis trop en avance et le quai est vide.

Je peux voir un hélicoptère passer au-dessus de moi, car le toit de la gare n'est pas fermé. Il va vers la côte.

Sans quoi tout est à toi. La fin est là, et je suis le seul à le savoir. Ça n'est pas très grave. Je ne leur dis rien. Bien sûr, que je parle ou pas ne veut rien dire. Lui au moins a ce qu'il faut pour faire face au kidnapping.

Ce n'est pas le cas de tout le monde. Quoi qu'il en soit, ce n'est pas à moi de leur dire d'y aller ou pas.

Avec la porte fermée, le bruit cesse et je peux enfin dormir.

Dans mon rêve, je suis dans un labyrinthe. Je sais qu'il n'y a pas de sortie. Alors je vais au hasard, pas à pas. La seule chance de sortir d'ici est de faire le mur. Ou alors, de voler hors de ce piège. C'est un rêve, donc il me suffit de penser à une montgolfière pour qu'elle soit là et que je puisse partir. Je vole très haut, dans les nuages.

Chapitre 18

Pour qui as-tu payé ? Ben n'est pas là.

Il me dit qu'il doit aller dans ce bar de la rue York pour la fête de ce soir, et que je dois y aller avec lui. Une fois chez moi, je sors l'aspirateur et fais le hall. Je ne veux pas être avec tous ces gens ce soir, et en plus, j'y suis déjà allé une ou deux fois. Je n'ai pas le choix ; j'ai déjà dit que j'irais là-bas. Je ne peux pas ne pas y aller.

Le bombardement s'est passé loin de nous, et c'est loin d'être fini. Cela ne les gêne pas de tout voir sous cet angle.

Alors je vais être ivre mort, même si je sais que ça n'est pas bien. Au dîner, rien de bon pour moi ce soir.

Tous les plats du menu sont avec champignon. Ça ne va pas m'aider. En face de moi à la table, un ami de Ben a un carnet et fait un dessin. Je ne peux pas voir de là où je suis. Je vais à côté de lui pour voir. Il est très mal fait donc je ne lui dis rien, mais on dirait un dromadaire. Les gens venus pour la fête de Ben sont tous déjà amis, et je suis le plus âgé. Bref, ça n'est pas une super soirée. Je fais de mon mieux, mais il est clair que je ne suis pas à ma place ici.

Oui, quel vieux rat ! La fin est là, et je suis le seul à le savoir. Ça n'est pas grave. Je ne leur dis rien. Je ne suis pas fait pour.

Bien sûr, je veux en parler avec mon père

Lui au moins a ce qu'il faut pour faire face au kidnapping. Ce n'est pas le cas de tout le monde. Quoi qu'il en soit, ce n'est pas à moi de leur dire d'aller dans un sens ou dans l'autre. Avec la porte fermée, le bruit cesse et je peux enfin dormir. Dans mon rêve, je suis dans un labyrinthe. Je sais qu'il n'y a pas de sortie. Alors je vais au hasard, pas à pas.

La seule chance de sortir d'ici est de faire le mur. Ou alors, de voler hors de ce piège.

Il me suffit de penser à une montgolfière pour qu'elle soit là (ça n'est qu'un rêve) et que je puisse partir.

Je vole très haut, dans les nuages, mais le son de la ville est là, comme si j'étais en bas. Le rêve change, et cette fois je suis chez moi, à côté de mon lit. Tel un noctambule, je rêve, mais mes yeux ne sont pas fermés. Je me vois rêver dans mon rêve. C'est idiot et ça me fait un peu peur en même temps. Il y a un écran devant moi, sur lequel une ombre court en rond sur une piste rouge. On dirait les Jeux Olympiques de Berlin en 1936. La course n'en finit pas, puis l'image s'en va.

Après ça, l'écran montre une série de photos en noir et blanc. Je les ai toutes déjà vues, je ne sais plus quand et où. Sur une photo, un portemanteau est le seul objet dans la pièce.

Puis, sur la photo d'après, il y a une chaise, avec une table basse à côté. Il y a un papier sur la table, avec un seul mot écrit en gros. Tout le reste a été laissé blanc. Le mot est : questionnaire. Sur la photo d'après, c'est moi que je vois. Je suis en bas, dans le salon, assis par terre.

Il n'y a pas un bruit dans la pièce, tout le monde est parti. Il ne reste plus moi, je suis enfin seul. Je me lève et vais vers le réfrigérateur. Bien sûr, il est vide et il est trop tard pour sortir. Ce n'est pas mon jour de chance.

Pire que ça. Ben est avec son amie donc je pars chez moi un peu plus tôt. Il me dit qu'il doit aller dans ce bar de la rue York pour la fête de ce soir, et que je dois y aller avec lui.

Une fois chez moi, je sors l'aspirateur et fais le hall. Je ne veux pas être avec tous ces gens ce soir, et en plus, j'y suis déjà allé une ou deux fois. Je n'ai pas le choix ; j'ai déjà dit que j'irais là-bas. Avec ce qui s'est passé hier, je sais qu'ils ont tous le bombardement en tête.

Ça s'est passé loin de nous, et c'est loin d'être fini. Cela ne les gêne pas de tout voir sous cet angle, mais moi je ne peux pas. Alors je vais être ivre mort, et je sais que ça n'est pas bien. Au dîner, tous les plats du menu sont avec champignon.

Rien de bon pour moi ce soir. Ça ne va pas m'aider. En face de moi à la table, un ami de Ben a un carnet et fait un dessin.

Je ne peux pas voir de là où je suis.

Je vais à côté de lui pour voir. On dirait un dromadaire ; il est très mal fait donc je ne lui dis rien. Les gens venus pour la fête de Ben sont tous déjà amis, et je suis le plus âgé. Bref, ça n'est pas une super soirée. Je fais de mon mieux, mais il est clair que je ne suis pas à ma place ici. Je suis un extraterrestre pour eux.

Je n'ai qu'une hâte : que le repas soit fini pour que je rentre chez moi. Je sais, je suis là pour Ben, c'est mon ami.

Du bout de ma fourchette, je joue avec le chou que je n'aime pas. C'est juste que je ne me sens pas à l'aise.

Je ne sais pas ce qui est prévu pour après le dîner. Tant que ça se finit vite, ça me va. Je vois que l'ami de Ben (son nom est Marc) a posé son carnet. Il a fait un drôle de gribouillage. Lui non plus ne parle pas trop. Je ne sais pas où Ben l'a connu, ça n'est pas très clair. En tout cas, il a l'air un peu fou. Je note un son sourd au loin, un peu plus fort que le son des voix à côté de moi. Ça vient du toit et je pense à un hélicoptère, mais je ne vois pas ce qu'il fait ici, si loin de la ville.

Un garde ne peut pas faire ça. Je ne sais pas où elle est. Paul ne m'a rien dit à ce sujet. Cinq jours plus tard, je reçois le pire appel de ma vie : un ami me dit qu'il l'a vue dans un van à côté de chez elle. Son kidnapping a eu lieu il y a six jours.

Cet appel, cette drôle de voix, et je sais que ce n'est pas un de ses gags.

Je n'ai pas le choix, je dois payer, mais rien ne va assez vite.

C'est un labyrinthe où j'erre dans le noir. Et le pire, c'est que je suis seul en face de tout ça, car ses amis, sa mère et son père ne sont pas là. À côté de ça, Paul veut aller sur l'île pour voir où elle peut être. Il est sûr qu'elle est là-bas. Une fois sur l'île, il nous faut une montgolfière pour tout voir d'en haut. Je n'ai rien de mieux à faire, alors je le suis.

Mais il n'y rien. Le soir est là, et de nuit je ne peux rien faire. Sous un ciel sans lune, je suis la côte.

Je suis noctambule et je ne sais pas où je vais. Je ne vois rien non plus.

Sans but, je suis les rues et vois que je suis en face de chez moi. Il est tôt, mais je vais tout de suite au lit. Je dois être prêt pour les Jeux Olympiques. De nuit, sans le savoir, je dors sans fermer les yeux. C'est un ami, un jour, qui m'a dit ça. En plus de ça, il m'a dit que je parle dans mes rêves. Cette nuit-là, je ne rêve pas, et quand je me lève le jour d'après, je ne sais pas où je suis. Puis je vois le portemanteau dans le coin de la pièce, et je sais que je suis chez moi.

C'est le jour du test et il ne faut pas que je le rate. J'avoue que j'ai un peu le trac, bien que je sois prêt. En tout cas, c'est ce que je crois. Le questionnaire ne doit pas être trop dur.

Après ça, je vais chez l'un de mes amis, Ben, qui vit à côté du lycée. Il n'y a pas grand chose à faire chez lui, mais on parle de tout et de rien, on passe le temps. Le soir, il voit que son réfrigérateur est vide donc on sort pour un dîner en ville. Il y a un lieu sympa à côté de chez lui.

Soit gai ou ne soit pas. Ce soir, je dois voir mon amie Anne. Cela fait plus d'un an qu'on ne s'est pas vu. Elle vit à Paris, et moi je suis dans le Sud. En plus de ça, on a peu de temps libre. Avant qu'elle ne soit là, je range un peu et passe l'aspirateur. Puis je vais à la gare.

Son train n'est pas là, et je vais dans un café à côté pour tuer le temps. Sur la table à côté de moi, il y a un livre dont le titre parle du bombardement qui a eu lieu à Alger cet été. Je vois une fille en train de se servir au bar.

Son amie porte une robe bleue et d'un coup d'oeil furtif, je note qu'elle fixe le mur en face d'elle.

Un vieux poster avec un gros champignon au centre.

Le poster est en noir et blanc. La scène se passe dans un désert, un océan de sable brun avec une oasis que l'on peut voir au loin. Il n'y a pas âme qui vive dans ce désert, à part un dromadaire qui est figé près d'un point d'eau. Le texte sur le poster est en arabe, je ne peux pas le lire. Sur l'autre mur se trouve une autre image, cette fois une scène dans le futur.

Le ciel n'est pas comme le nôtre, il est violet, avec trois lunes. Un extraterrestre est assis sur le sol.

Il est de dos, mais je peux voir ses grands yeux noirs de profil. Ce dessin n'est pas à mon goût.

On dirait un de ces posters pas chers pour fans de Star Wars, ou ce type de film. Un client lâche sa fourchette, elle tinte sur la table en face de moi. Je vais au bar pour payer. Si son train est à l'heure, Anne sera là dans peu de temps et je dois aller à la gare. Le thé que j'ai pris est hors de prix ; la note que je reçois a un gribouillage dans le coin. Je paie et je pars sans tarder. Dans la gare, tout le monde est pressé. Je fends la foule pour aller sur le bon quai.

Le toit de la gare n'est pas fermé et je peux voir un hélicoptère passer au-dessus de moi. Il va vers la côte et vole assez bas.

Pour qui fais-tu ça ? La fin est là, et je suis le seul à savoir tout ça. Ça n'est pas très grave. Je les laisse tous faire, et ainsi soit-il. Bien sûr, je veux en parler avec mon père. Lui au moins a ce qu'il faut pour faire face au kidnapping. Ce n'est pas le cas de tout le monde. Quoi qu'il en soit, ce n'est pas à moi de leur dire d'aller dans un sens ou dans l'autre.

Avec la porte fermée, le bruit cesse et je peux enfin dormir. Dans mon rêve, je suis dans un labyrinthe.

Je sais qu'il n'y a pas de sortie. Alors je vais au hasard, pas à pas. La seule chance de sortir d'ici est de faire le mur.

Ou alors, de voler hors de ce piège. C'est un rêve, donc il me suffit de penser à une montgolfière pour qu'elle soit là et que je puisse partir. Je vole très haut, dans les nuages, mais le son de la ville est là, comme si j'étais en bas. Le rêve change, et cette fois je suis chez moi, à côté de mon lit. Je rêve, mais mes yeux ne sont pas fermés, tel un noctambule. Je me vois rêver dans mon rêve. C'est idiot et ça me fait un peu peur en même temps.

Il y a un écran devant moi, sur lequel une ombre court en rond sur une piste rouge. On dirait les Jeux Olympiques de Berlin en 1936. La course n'en finit pas, puis l'image s'en va.

Après ça, l'écran montre une série de photos en noir et blanc. Je les ai toutes déjà vues, je ne sais plus quand et où. Sur une photo, un portemanteau vide est le seul objet que l'on peut voir dans la pièce. Puis il y a une chaise, avec une table basse à côté.

Il y a un papier sur la table, avec un seul mot d'écrit en gros. Tout le reste a été laissé blanc. Le mot est Questionnaire. Sur la photo d'après, c'est moi que je vois. Je suis en bas, dans le salon, assis par terre.

Il n'y a pas un bruit dans la pièce, tout le monde est parti. Il ne reste plus moi. Je me lève et vais vers le réfrigérateur.

Bien sûr, il est vide et il est trop tard pour sortir.

Plus que gâté par la vie. Ben est avec son amie donc je vais chez moi. Il doit aller dans ce bar de la rue York ce soir.

Je dois y aller avec lui. Ça n'est pas bon signe. Une fois chez moi, je sors l'aspirateur et fais le hall.

Je ne veux pas être avec tous ces gens ce soir, et en plus, j'y suis déjà allé une ou deux fois. Je n'ai pas le choix ; j'ai déjà dit que j'irais là-bas. Avec ce qui s'est passé hier, je sais qu'ils ont tous le bombardement en tête. Ça s'est passé loin de nous, et c'est loin d'être fini. Cela ne les gêne pas de tout voir sous cet angle, mais moi je ne peux pas. Alors je vais être ivre mort, même si je sais que ça n'est pas bien. Je me lève et me rends au dîner. Bien sûr, tous les plats du menu sont avec champignon.

Rien de bon pour moi ce soir. Ça ne va pas m'aider. En face de moi à la table, un ami de Ben a un carnet et fait un dessin que je ne peux pas voir de là où je suis.

Je vais à côté de lui pour voir. On dirait un dromadaire ; il est très mal fait donc je ne lui dis rien. Les gens venus pour la fête de Ben sont tous déjà amis, et je suis le plus âgé. Bref, ça n'est pas une super soirée. Je fais de mon mieux, mais il est clair que je suis un extraterrestre pour eux.

Je n'ai qu'une hâte : que le repas soit fini pour que je rentre chez moi. Je sais, je suis là pour Ben, c'est mon ami. C'est juste que je ne me sens pas à l'aise. Mon plat est servi, ça n'est pas trop tôt. Du bout de ma fourchette, je joue avec mon chou.

Je ne suis pas à ma place ici. Je ne sais pas ce qui est prévu pour après le dîner. Tant que ça se finit vite, ça me va.

Je vois que l'ami de Ben a posé son carnet.

Il a fait un drôle de gribouillage. Lui non plus ne parle pas trop. Je ne sais pas où Ben l'a connu, ça n'est pas très clair. En tout cas, il a l'air un peu fou. Je note un son sourd au loin, un peu plus fort que le son des voix à côté de moi. Ça vient du toit et je pense à un hélicoptère, mais je ne vois pas ce qu'il fait ici, si loin de la ville.

Ne garde rien avec toi. Je ne sais pas où elle est. Paul ne m'a rien dit à ce sujet. Cinq jours après, je reçois un appel de plus. Un ami me dit qu'il l'a vue dans un van à côté de chez elle, tard le soir. Son kidnapping a eu lieu il y a six jours. Cet appel, cette drôle de voix, et je sais que ce n'est pas un de ses gags. Je n'ai pas le choix, je dois payer, mais rien ne va assez vite. Et le pire, c'est que je suis seul en face de tout ça, car ses amis ne sont pas là. C'est un labyrinthe où j'erre dans le noir.

À côté de ça, Paul veut aller sur l'île pour voir où elle peut être. Il est sûr qu'elle est là-bas. Je n'ai rien de mieux à faire, alors je le suis.

Une fois sur l'île, il nous faut une montgolfière pour tout voir d'en haut. Mais il n'y rien. Le soir est là, et de nuit je ne peux rien faire. Sous un ciel sans lune, je suis la côte. Sans but, je suis les rues et vois que je suis en face de chez moi. Je suis noctambule et je ne sais pas où je vais.

Je ne vois rien non plus. De nuit, sans le savoir, je dors sans fermer les yeux. En plus de ça, un ami m'a dit que je parle dans mes rêves. Il est tôt, mais je vais tout de suite au lit. Je dois être prêt pour les Jeux Olympiques.

Cette nuit-là, je ne rêve pas, et quand je me lève le jour d'après, je ne sais pas où je suis.

Je vois mon lit, ma veste sur le sol, la table à côté de moi.

Puis je vois le portemanteau dans le coin de la pièce, et je sais que je suis chez moi. C'est le jour du test et il ne faut pas que je le rate. J'avoue que j'ai un peu le trac, bien que je sois prêt. En tout cas, c'est ce que je crois. Le test ne doit pas être trop dur. Après le questionnaire, je vais chez l'un de mes amis, Ben, qui vit à côté du lycée.

Il n'y a pas grand chose à faire chez lui, mais on parle de tout et de rien, on passe le temps.

Le soir, il voit que son réfrigérateur est vide donc on sort pour un dîner en ville. Il y a un lieu sympa à côté de chez lui.

Sans qu'il ne le voie. Ce soir, je dois voir mon amie Anne. Cela fait plus d'un an qu'on ne s'est pas vu. Elle vit à Paris.

En plus de ça, on a peu de temps libre. Avant qu'elle ne soit là, je range un peu et passe l'aspirateur. Puis je vais à la gare. Son train n'est pas là, et je vais dans un café à côté pour tuer le temps. Je vois une fille en train de se servir au bar. Sur la table à côté d'elle, il y a un livre dont le titre parle du bombardement qui a eu lieu à Alger cet été. Son amie porte une robe bleue et d'un coup d'oeil furtif, je note qu'elle fixe le mur en face d'elle.

Un vieux poster en noir et blanc, avec au centre un gros champignon. La scène se passe dans un désert, un océan de sable brun avec une oasis que l'on peut voir au loin.

Le texte sur le poster est en arabe, je ne peux pas le lire. Il n'y a pas âme qui vive dans ce désert, à part, figé près d'un point d'eau, un dromadaire. Sur l'autre mur se trouve une autre image, cette fois une scène dans le futur. Le ciel n'est pas comme le nôtre, il est violet, avec trois lunes.

On dirait un de ces posters pas chers pour fans de Star Wars, ou ce type de film. Un extraterrestre est assis sur le sol. Il est de dos, mais je peux voir ses grands yeux noirs de profil. Ce dessin n'est pas à mon goût.

Je vais au bar pour payer. À la table en face de moi, un client lâche sa fourchette, qui tinte sur la table.

Si son train est à l'heure, Anne sera là dans peu de temps.

Je paie et je pars sans tarder. Le thé que j'ai pris est hors de prix ; la note que j'ai reçue et que j'ai mise dans ma poche a un gribouillage dans le coin. Dans la gare, tout le monde est pressé. Je fends la foule pour aller sur le bon quai, je ne veux pas être en retard. Au final, je suis trop en avance et le quai est vide.

Je peux voir un hélicoptère passer au-dessus de moi, car le toit de la gare n'est pas fermé. Il va vers la côte.

Non, hier je ne l'ai pas vu. La fin est là, et je suis le seul à le savoir. Ça n'est pas grave. Je ne leur dis rien. Bien sûr, sans mon père je suis perdu. Lui au moins a ce qu'il faut pour faire face au kidnapping.

Ce n'est pas le cas de tout le monde. Quoi qu'il en soit, ce n'est pas à moi de leur dire d'y aller ou pas.

Avec la porte fermée, le bruit cesse et je peux enfin dormir.

Dans mon rêve, je suis dans un labyrinthe. Je sais qu'il n'y a pas de sortie. Alors je vais au hasard, pas à pas. La seule chance de sortir d'ici est de faire le mur. Ou alors, de voler hors de ce piège. C'est un rêve, donc il me suffit de penser à une montgolfière pour qu'elle soit là et que je puisse partir. Je vole très haut, dans les nuages.

Chapitre 19

Pour huit ans ou plus. Ben n'est pas là donc je vais chez moi.

Il me dit qu'il doit aller dans ce bar de la rue York pour la fête de ce soir, et que je dois y aller avec lui. Une fois chez moi, je sors l'aspirateur et fais le hall. Je ne veux pas être avec tous ces gens ce soir, et en plus, j'y suis déjà allé une ou deux fois. Je n'ai pas le choix ; j'ai déjà dit que j'irais là-bas. Je ne peux pas ne pas y aller.

Le bombardement s'est passé loin de nous, et c'est loin d'être fini. Cela ne les gêne pas de tout voir sous cet angle.

Alors je vais être ivre mort, même si je sais que ça n'est pas bien. Au dîner, rien de bon pour moi ce soir.

Tous les plats du menu sont avec champignon. Ça ne va pas m'aider. En face de moi à la table, un ami de Ben a un carnet et fait un dessin. Je ne peux pas voir de là où je suis. Je vais à côté de lui pour voir. Il est très mal fait donc je ne lui dis rien, mais on dirait un dromadaire. Les gens venus pour la fête de Ben sont tous déjà amis, et je suis le plus âgé. Bref, ça n'est pas une super soirée. Je fais de mon mieux, mais il est clair que je ne suis pas à ma place ici.

Son halo vient sur ta tête. La fin est là, et je suis le seul à savoir. Ça n'est pas grave. Je ne leur dis rien, je ne suis pas fait pour.

Bien sûr, je veux en parler avec mon père

Lui au moins a ce qu'il faut pour faire face au kidnapping. Ce n'est pas le cas de tout le monde. Quoi qu'il en soit, ce n'est pas à moi de leur dire d'aller dans un sens ou dans l'autre. Avec la porte fermée, le bruit cesse et je peux enfin dormir. Dans mon rêve, je suis dans un labyrinthe. Je sais qu'il n'y a pas de sortie. Alors je vais au hasard, pas à pas.

La seule chance de sortir d'ici est de faire le mur. Ou alors, de voler hors de ce piège.

Il me suffit de penser à une montgolfière pour qu'elle soit là (ça n'est qu'un rêve) et que je puisse partir.

Je vole très haut, dans les nuages, mais le son de la ville est là, comme si j'étais en bas. Le rêve change, et cette fois je suis chez moi, à côté de mon lit. Tel un noctambule, je rêve, mais mes yeux ne sont pas fermés. Je me vois rêver dans mon rêve. C'est idiot et ça me fait un peu peur en même temps. Il y a un écran devant moi, sur lequel une ombre court en rond sur une piste rouge. On dirait les Jeux Olympiques de Berlin en 1936. La course n'en finit pas, puis l'image s'en va.

Après ça, l'écran montre une série de photos en noir et blanc. Je les ai toutes déjà vues, je ne sais plus quand et où. Sur une photo, un portemanteau est le seul objet dans la pièce.

Puis, sur la photo d'après, il y a une chaise, avec une table basse à côté. Il y a un papier sur la table, avec un seul mot écrit en gros. Tout le reste a été laissé blanc. Le mot est : questionnaire. Sur la photo d'après, c'est moi que je vois. Je suis en bas, dans le salon, assis par terre.

Il n'y a pas un bruit dans la pièce, tout le monde est parti. Il ne reste plus moi, je suis enfin seul. Je me lève et vais vers le réfrigérateur. Bien sûr, il est vide et il est trop tard pour sortir. Ce n'est pas mon jour de chance.

Pour huit mois. Ben est avec son amie donc je pars chez moi un peu plus tôt. Il me dit qu'il doit aller dans ce bar de la rue York pour la fête de ce soir, et que je dois y aller avec lui.

Une fois chez moi, je sors l'aspirateur et fais le hall. Je ne veux pas être avec tous ces gens ce soir, et en plus, j'y suis déjà allé une ou deux fois. Je n'ai pas le choix ; j'ai déjà dit que j'irais là-bas. Avec ce qui s'est passé hier, je sais qu'ils ont tous le bombardement en tête.

Ça s'est passé loin de nous, et c'est loin d'être fini. Cela ne les gêne pas de tout voir sous cet angle, mais moi je ne peux pas. Alors je vais être ivre mort, et je sais que ça n'est pas bien. Au dîner, tous les plats du menu sont avec champignon.

Rien de bon pour moi ce soir. Ça ne va pas m'aider. En face de moi à la table, un ami de Ben a un carnet et fait un dessin.

Je ne peux pas voir de là où je suis.

Je vais à côté de lui pour voir. On dirait un dromadaire ; il est très mal fait donc je ne lui dis rien. Les gens venus pour la fête de Ben sont tous déjà amis, et je suis le plus âgé. Bref, ça n'est pas une super soirée. Je fais de mon mieux, mais il est clair que je ne suis pas à ma place ici. Je suis un extraterrestre pour eux.

Je n'ai qu'une hâte : que le repas soit fini pour que je rentre chez moi. Je sais, je suis là pour Ben, c'est mon ami.

Du bout de ma fourchette, je joue avec le chou que je n'aime pas. C'est juste que je ne me sens pas à l'aise.

Je ne sais pas ce qui est prévu pour après le dîner. Tant que ça se finit vite, ça me va. Je vois que l'ami de Ben (son nom est Marc) a posé son carnet. Il a fait un drôle de gribouillage. Lui non plus ne parle pas trop. Je ne sais pas où Ben l'a connu, ça n'est pas très clair. En tout cas, il a l'air un peu fou. Je note un son sourd au loin, un peu plus fort que le son des voix à côté de moi. Ça vient du toit et je pense à un hélicoptère, mais je ne vois pas ce qu'il fait ici, si loin de la ville.

Nous rions de toi. Je ne sais pas où elle est. Eux non plus. Paul ne m'a rien dit hier. Cinq jours après, je reçois un appel pour lui. Un ami me dit qu'il l'a vue dans un van à côté de chez elle, tard le soir. Son kidnapping a eu lieu il y a six jours.

Cet appel, cette drôle de voix, et je sais que ce n'est pas un de ses gags.

Je n'ai pas le choix, je dois payer, mais rien ne va assez vite.

C'est un labyrinthe où j'erre dans le noir. Et le pire, c'est que je suis seul en face de tout ça, car ses amis, sa mère et son père ne sont pas là. À côté de ça, Paul veut aller sur l'île pour voir où elle peut être. Il est sûr qu'elle est là-bas. Une fois sur l'île, il nous faut une montgolfière pour tout voir d'en haut. Je n'ai rien de mieux à faire, alors je le suis.

Mais il n'y rien. Le soir est là, et de nuit je ne peux rien faire. Sous un ciel sans lune, je suis la côte.

Je suis noctambule et je ne sais pas où je vais. Je ne vois rien non plus.

Sans but, je suis les rues et vois que je suis en face de chez moi. Il est tôt, mais je vais tout de suite au lit. Je dois être prêt pour les Jeux Olympiques. De nuit, sans le savoir, je dors sans fermer les yeux. C'est un ami, un jour, qui m'a dit ça. En plus de ça, il m'a dit que je parle dans mes rêves. Cette nuit-là, je ne rêve pas, et quand je me lève le jour d'après, je ne sais pas où je suis. Puis je vois le portemanteau dans le coin de la pièce, et je sais que je suis chez moi.

C'est le jour du test et il ne faut pas que je le rate. J'avoue que j'ai un peu le trac, bien que je sois prêt. En tout cas, c'est ce que je crois. Le questionnaire ne doit pas être trop dur.

Après ça, je vais chez l'un de mes amis, Ben, qui vit à côté du lycée. Il n'y a pas grand chose à faire chez lui, mais on parle de tout et de rien, on passe le temps. Le soir, il voit que son réfrigérateur est vide donc on sort pour un dîner en ville. Il y a un lieu sympa à côté de chez lui.

Vous râlez et c'est tout. Ce soir, je dois voir mon amie Anne. Cela fait plus d'un an qu'on ne s'est pas vu. Elle vit à Paris, et moi je suis dans le Sud. En plus de ça, on a peu de temps libre. Avant qu'elle ne soit là, je range un peu et passe l'aspirateur. Puis je vais à la gare.

Son train n'est pas là, et je vais dans un café à côté pour tuer le temps. Sur la table à côté de moi, il y a un livre dont le titre parle du bombardement qui a eu lieu à Alger cet été. Je vois une fille en train de se servir au bar.

Son amie porte une robe bleue et d'un coup d'oeil furtif, je note qu'elle fixe le mur en face d'elle.

Un vieux poster avec un gros champignon au centre.

Le poster est en noir et blanc. La scène se passe dans un désert, un océan de sable brun avec une oasis que l'on peut voir au loin. Il n'y a pas âme qui vive dans ce désert, à part un dromadaire qui est figé près d'un point d'eau. Le texte sur le poster est en arabe, je ne peux pas le lire. Sur l'autre mur se trouve une autre image, cette fois une scène dans le futur.

Le ciel n'est pas comme le nôtre, il est violet, avec trois lunes. Un extraterrestre est assis sur le sol.

Il est de dos, mais je peux voir ses grands yeux noirs de profil. Ce dessin n'est pas à mon goût.

On dirait un de ces posters pas chers pour fans de Star Wars, ou ce type de film. Un client lâche sa fourchette, elle tinte sur la table en face de moi. Je vais au bar pour payer. Si son train est à l'heure, Anne sera là dans peu de temps et je dois aller à la gare. Le thé que j'ai pris est hors de prix ; la note que je reçois a un gribouillage dans le coin. Je paie et je pars sans tarder. Dans la gare, tout le monde est pressé. Je fends la foule pour aller sur le bon quai.

Le toit de la gare n'est pas fermé et je peux voir un hélicoptère passer au-dessus de moi. Il va vers la côte et vole assez bas.

Ne ries pas si fort. La fin est là, et je suis le seul à le savoir. Ça n'est pas très grave. Je ne leur dis rien et les laisse avec vous. Bien sûr, je veux en parler avec mon père. Lui au moins a ce qu'il faut pour faire face au kidnapping. Ce n'est pas le cas de tout le monde. Quoi qu'il en soit, ce n'est pas à moi de leur dire d'aller dans un sens ou dans l'autre.

Avec la porte fermée, le bruit cesse et je peux enfin dormir. Dans mon rêve, je suis dans un labyrinthe.

Je sais qu'il n'y a pas de sortie. Alors je vais au hasard, pas à pas. La seule chance de sortir d'ici est de faire le mur.

Ou alors, de voler hors de ce piège. C'est un rêve, donc il me suffit de penser à une montgolfière pour qu'elle soit là et que je puisse partir. Je vole très haut, dans les nuages, mais le son de la ville est là, comme si j'étais en bas. Le rêve change, et cette fois je suis chez moi, à côté de mon lit. Je rêve, mais mes yeux ne sont pas fermés, tel un noctambule. Je me vois rêver dans mon rêve. C'est idiot et ça me fait un peu peur en même temps.

Il y a un écran devant moi, sur lequel une ombre court en rond sur une piste rouge. On dirait les Jeux Olympiques de Berlin en 1936. La course n'en finit pas, puis l'image s'en va.

Après ça, l'écran montre une série de photos en noir et blanc. Je les ai toutes déjà vues, je ne sais plus quand et où. Sur une photo, un portemanteau vide est le seul objet que l'on peut voir dans la pièce. Puis il y a une chaise, avec une table basse à côté.

Il y a un papier sur la table, avec un seul mot d'écrit en gros. Tout le reste a été laissé blanc. Le mot est Questionnaire. Sur la photo d'après, c'est moi que je vois. Je suis en bas, dans le salon, assis par terre.

Il n'y a pas un bruit dans la pièce, tout le monde est parti. Il ne reste plus moi. Je me lève et vais vers le réfrigérateur.

Bien sûr, il est vide et il est trop tard pour sortir.

Vous riez quand je dis ça. Ben est avec son amie donc je vais chez moi. Il doit aller dans ce bar de la rue York ce soir.

Je dois y aller avec lui. Ça n'est pas bon signe. Une fois chez moi, je sors l'aspirateur et fais le hall.

Je ne veux pas être avec tous ces gens ce soir, et en plus, j'y suis déjà allé une ou deux fois. Je n'ai pas le choix ; j'ai déjà dit que j'irais là-bas. Avec ce qui s'est passé hier, je sais qu'ils ont tous le bombardement en tête. Ça s'est passé loin de nous, et c'est loin d'être fini. Cela ne les gêne pas de tout voir sous cet angle, mais moi je ne peux pas. Alors je vais être ivre mort, même si je sais que ça n'est pas bien. Je me lève et me rends au dîner. Bien sûr, tous les plats du menu sont avec champignon.

Rien de bon pour moi ce soir. Ça ne va pas m'aider. En face de moi à la table, un ami de Ben a un carnet et fait un dessin que je ne peux pas voir de là où je suis.

Je vais à côté de lui pour voir. On dirait un dromadaire ; il est très mal fait donc je ne lui dis rien. Les gens venus pour la fête de Ben sont tous déjà amis, et je suis le plus âgé. Bref, ça n'est pas une super soirée. Je fais de mon mieux, mais il est clair que je suis un extraterrestre pour eux.

Je n'ai qu'une hâte : que le repas soit fini pour que je rentre chez moi. Je sais, je suis là pour Ben, c'est mon ami. C'est juste que je ne me sens pas à l'aise. Mon plat est servi, ça n'est pas trop tôt. Du bout de ma fourchette, je joue avec mon chou.

Je ne suis pas à ma place ici. Je ne sais pas ce qui est prévu pour après le dîner. Tant que ça se finit vite, ça me va.

Je vois que l'ami de Ben a posé son carnet.

Il a fait un drôle de gribouillage. Lui non plus ne parle pas trop. Je ne sais pas où Ben l'a connu, ça n'est pas très clair. En tout cas, il a l'air un peu fou. Je note un son sourd au loin, un peu plus fort que le son des voix à côté de moi. Ça vient du toit et je pense à un hélicoptère, mais je ne vois pas ce qu'il fait ici, si loin de la ville.

Un rang rare pour lui. Je ne sais pas où elle est. Paul ne m'a rien dit hier. Cinq jours plus tard, je reçois un appel pour vous. Un ami me dit qu'il l'a vue dans un van à côté de chez elle, tard le soir. Son kidnapping a eu lieu il y a six jours. Cet appel, cette drôle de voix, et je sais que ce n'est pas un de ses gags. Je n'ai pas le choix, je dois payer, mais rien ne va assez vite. Et le pire, c'est que je suis seul en face de tout ça, car ses amis ne sont pas là. C'est un labyrinthe où j'erre dans le noir.

À côté de ça, Paul veut aller sur l'île pour voir où elle peut être. Il est sûr qu'elle est là-bas. Je n'ai rien de mieux à faire, alors je le suis.

Une fois sur l'île, il nous faut une montgolfière pour tout voir d'en haut. Mais il n'y rien. Le soir est là, et de nuit je ne peux rien faire. Sous un ciel sans lune, je suis la côte. Sans but, je suis les rues et vois que je suis en face de chez moi. Je suis noctambule et je ne sais pas où je vais.

Je ne vois rien non plus. De nuit, sans le savoir, je dors sans fermer les yeux. En plus de ça, un ami m'a dit que je parle dans mes rêves. Il est tôt, mais je vais tout de suite au lit. Je dois être prêt pour les Jeux Olympiques.

Cette nuit-là, je ne rêve pas, et quand je me lève le jour d'après, je ne sais pas où je suis.

Je vois mon lit, ma veste sur le sol, la table à côté de moi.

Puis je vois le portemanteau dans le coin de la pièce, et je sais que je suis chez moi. C'est le jour du test et il ne faut pas que je le rate. J'avoue que j'ai un peu le trac, bien que je sois prêt. En tout cas, c'est ce que je crois. Le test ne doit pas être trop dur. Après le questionnaire, je vais chez l'un de mes amis, Ben, qui vit à côté du lycée.

Il n'y a pas grand chose à faire chez lui, mais on parle de tout et de rien, on passe le temps.

Le soir, il voit que son réfrigérateur est vide donc on sort pour un dîner en ville. Il y a un lieu sympa à côté de chez lui.

Vous rêvez ici. Ce soir, je dois voir mon amie Anne. Cela fait plus d'un an qu'on ne s'est pas vu. Elle vit à Paris.

En plus de ça, on a peu de temps libre. Avant qu'elle ne soit là, je range un peu et passe l'aspirateur. Puis je vais à la gare. Son train n'est pas là, et je vais dans un café à côté pour tuer le temps. Je vois une fille en train de se servir au bar. Sur la table à côté d'elle, il y a un livre dont le titre parle du bombardement qui a eu lieu à Alger cet été. Son amie porte une robe bleue et d'un coup d'oeil furtif, je note qu'elle fixe le mur en face d'elle.

Un vieux poster en noir et blanc, avec au centre un gros champignon. La scène se passe dans un désert, un océan de sable brun avec une oasis que l'on peut voir au loin.

Le texte sur le poster est en arabe, je ne peux pas le lire. Il n'y a pas âme qui vive dans ce désert, à part, figé près d'un point d'eau, un dromadaire. Sur l'autre mur se trouve une autre image, cette fois une scène dans le futur. Le ciel n'est pas comme le nôtre, il est violet, avec trois lunes.

On dirait un de ces posters pas chers pour fans de Star Wars, ou ce type de film. Un extraterrestre est assis sur le sol. Il est de dos, mais je peux voir ses grands yeux noirs de profil. Ce dessin n'est pas à mon goût.

Je vais au bar pour payer. À la table en face de moi, un client lâche sa fourchette, qui tinte sur la table.

Si son train est à l'heure, Anne sera là dans peu de temps.

Je paie et je pars sans tarder. Le thé que j'ai pris est hors de prix ; la note que j'ai reçue et que j'ai mise dans ma poche a un gribouillage dans le coin. Dans la gare, tout le monde est pressé. Je fends la foule pour aller sur le bon quai, je ne veux pas être en retard. Au final, je suis trop en avance et le quai est vide.

Je peux voir un hélicoptère passer au-dessus de moi, car le toit de la gare n'est pas fermé. Il va vers la côte.

Qui suis-je ? La fin est là, et je suis le seul à le savoir. Ça n'est pas très grave. Je ne leur dis rien, et je les laisse avec vous. Bien sûr, je veux en parler avec mon père. Lui au moins a ce qu'il faut pour faire face au kidnapping.

Ce n'est pas le cas de tout le monde. Quoi qu'il en soit, ce n'est pas à moi de leur dire d'y aller ou pas.

Avec la porte fermée, le bruit cesse et je peux enfin dormir.

Dans mon rêve, je suis dans un labyrinthe. Je sais qu'il n'y a pas de sortie. Alors je vais au hasard, pas à pas. La seule chance de sortir d'ici est de faire le mur. Ou alors, de voler hors de ce piège. C'est un rêve, donc il me suffit de penser à une montgolfière pour qu'elle soit là et que je puisse partir. Je vole très haut, dans les nuages.

Chapitre 20

Sans son aide. Ben n'est pas là donc je vais chez moi.

Il me dit qu'il doit aller dans ce bar de la rue York pour la fête de ce soir, et que je dois y aller avec lui. Une fois chez moi, je sors l'aspirateur et fais le hall. Je ne veux pas être avec tous ces gens ce soir, et en plus, j'y suis déjà allé une ou deux fois. Je n'ai pas le choix ; j'ai déjà dit que j'irais là-bas. Je ne peux pas ne pas y aller.

Le bombardement s'est passé loin de nous, et c'est loin d'être fini. Cela ne les gêne pas de tout voir sous cet angle.

Alors je vais être ivre mort, même si je sais que ça n'est pas bien. Au dîner, rien de bon pour moi ce soir.

Tous les plats du menu sont avec champignon. Ça ne va pas m'aider. En face de moi à la table, un ami de Ben a un carnet et fait un dessin. Je ne peux pas voir de là où je suis. Je vais à côté de lui pour voir. Il est très mal fait donc je ne lui dis rien, mais on dirait un dromadaire. Les gens venus pour la fête de Ben sont tous déjà amis, et je suis le plus âgé. Bref, ça n'est pas une super soirée. Je fais de mon mieux, mais il est clair que je ne suis pas à ma place ici.

Tu sais bien que non. La fin est là, et je suis le seul à le savoir. Ça n'est pas très grave. Je ne leur dis rien. Ils sont mieux sans.

Bien sûr, je veux en parler avec mon père.

Lui au moins a ce qu'il faut pour faire face au kidnapping. Ce n'est pas le cas de tout le monde. Quoi qu'il en soit, ce n'est pas à moi de leur dire d'aller dans un sens ou dans l'autre. Avec la porte fermée, le bruit cesse et je peux enfin dormir. Dans mon rêve, je suis dans un labyrinthe. Je sais qu'il n'y a pas de sortie. Alors je vais au hasard, pas à pas.

La seule chance de sortir d'ici est de faire le mur. Ou alors, de voler hors de ce piège.

Il me suffit de penser à une montgolfière pour qu'elle soit là (ça n'est qu'un rêve) et que je puisse partir.

Je vole très haut, dans les nuages, mais le son de la ville est là, comme si j'étais en bas. Le rêve change, et cette fois je suis chez moi, à côté de mon lit. Tel un noctambule, je rêve, mais mes yeux ne sont pas fermés. Je me vois rêver dans mon rêve. C'est idiot et ça me fait un peu peur en même temps. Il y a un écran devant moi, sur lequel une ombre court en rond sur une piste rouge. On dirait les Jeux Olympiques de Berlin en 1936. La course n'en finit pas, puis l'image s'en va.

Après ça, l'écran montre une série de photos en noir et blanc. Je les ai toutes déjà vues, je ne sais plus quand et où. Sur une photo, un portemanteau est le seul objet dans la pièce.

Puis, sur la photo d'après, il y a une chaise, avec une table basse à côté. Il y a un papier sur la table, avec un seul mot écrit en gros. Tout le reste a été laissé blanc. Le mot est : questionnaire. Sur la photo d'après, c'est moi que je vois. Je suis en bas, dans le salon, assis par terre.

Il n'y a pas un bruit dans la pièce, tout le monde est parti. Il ne reste plus moi, je suis enfin seul. Je me lève et vais vers le réfrigérateur. Bien sûr, il est vide et il est trop tard pour sortir. Ce n'est pas mon jour de chance.

Oui, il crie pour rien. Ben est avec son amie donc je pars chez moi un peu plus tôt. Il me dit qu'il doit aller dans ce bar de la rue York pour la fête de ce soir, et que je dois y aller avec lui.

Une fois chez moi, je sors l'aspirateur et fais le hall. Je ne veux pas être avec tous ces gens ce soir, et en plus, j'y suis déjà allé une ou deux fois. Je n'ai pas le choix ; j'ai déjà dit que j'irais là-bas. Avec ce qui s'est passé hier, je sais qu'ils ont tous le bombardement en tête.

Ça s'est passé loin de nous, et c'est loin d'être fini. Cela ne les gêne pas de tout voir sous cet angle, mais moi je ne peux pas. Alors je vais être ivre mort, et je sais que ça n'est pas bien. Au dîner, tous les plats du menu sont avec champignon.

Rien de bon pour moi ce soir. Ça ne va pas m'aider. En face de moi à la table, un ami de Ben a un carnet et fait un dessin.

Je ne peux pas voir de là où je suis.

Je vais à côté de lui pour voir. On dirait un dromadaire ; il est très mal fait donc je ne lui dis rien. Les gens venus pour la fête de Ben sont tous déjà amis, et je suis le plus âgé. Bref, ça n'est pas une super soirée. Je fais de mon mieux, mais il est clair que je ne suis pas à ma place ici. Je suis un extraterrestre pour eux.

Je n'ai qu'une hâte : que le repas soit fini pour que je rentre chez moi. Je sais, je suis là pour Ben, c'est mon ami.

Du bout de ma fourchette, je joue avec le chou que je n'aime pas. C'est juste que je ne me sens pas à l'aise.

Je ne sais pas ce qui est prévu pour après le dîner. Tant que ça se finit vite, ça me va. Je vois que l'ami de Ben (son nom est Marc) a posé son carnet. Il a fait un drôle de gribouillage. Lui non plus ne parle pas trop. Je ne sais pas où Ben l'a connu, ça n'est pas très clair. En tout cas, il a l'air un peu fou. Je note un son sourd au loin, un peu plus fort que le son des voix à côté de moi. Ça vient du toit et je pense à un hélicoptère, mais je ne vois pas ce qu'il fait ici, si loin de la ville.

Pas si déçu que ça. Je ne sais pas où elle est. Paul ne m'a rien dit hier. Cinq jours plus tard, je reçois un appel d'un ami : oui, il l'a bien vue dans un van à côté de chez elle, tard le soir. Son kidnapping a eu lieu il y a six jours.

Cet appel, cette drôle de voix, et je sais que ce n'est pas un de ses gags.

Je n'ai pas le choix, je dois payer, mais rien ne va assez vite.

C'est un labyrinthe où j'erre dans le noir. Et le pire, c'est que je suis seul en face de tout ça, car ses amis, sa mère et son père ne sont pas là. À côté de ça, Paul veut aller sur l'île pour voir où elle peut être. Il est sûr qu'elle est là-bas. Une fois sur l'île, il nous faut une montgolfière pour tout voir d'en haut. Je n'ai rien de mieux à faire, alors je le suis.

Mais il n'y rien. Le soir est là, et de nuit je ne peux rien faire. Sous un ciel sans lune, je suis la côte.

Je suis noctambule et je ne sais pas où je vais. Je ne vois rien non plus.

Sans but, je suis les rues et vois que je suis en face de chez moi. Il est tôt, mais je vais tout de suite au lit. Je dois être prêt pour les Jeux Olympiques. De nuit, sans le savoir, je dors sans fermer les yeux. C'est un ami, un jour, qui m'a dit ça. En plus de ça, il m'a dit que je parle dans mes rêves. Cette nuit-là, je ne rêve pas, et quand je me lève le jour d'après, je ne sais pas où je suis. Puis je vois le portemanteau dans le coin de la pièce, et je sais que je suis chez moi.

C'est le jour du test et il ne faut pas que je le rate. J'avoue que j'ai un peu le trac, bien que je sois prêt. En tout cas, c'est ce que je crois. Le questionnaire ne doit pas être trop dur.

Après ça, je vais chez l'un de mes amis, Ben, qui vit à côté du lycée. Il n'y a pas grand chose à faire chez lui, mais on parle de tout et de rien, on passe le temps. Le soir, il voit que son réfrigérateur est vide donc on sort pour un dîner en ville. Il y a un lieu sympa à côté de chez lui.

Non, il en est sûr. Ce soir, je dois voir mon amie Anne. Cela fait plus d'un an qu'on ne s'est pas vu. Elle vit à Paris, et moi je suis dans le Sud. En plus de ça, on a peu de temps libre. Avant qu'elle ne soit là, je range un peu et passe l'aspirateur. Puis je vais à la gare.

Son train n'est pas là, et je vais dans un café à côté pour tuer le temps. Sur la table à côté de moi, il y a un livre dont le titre parle du bombardement qui a eu lieu à Alger cet été. Je vois une fille en train de se servir au bar.

Son amie porte une robe bleue et d'un coup d'oeil furtif, je note qu'elle fixe le mur en face d'elle.

Un vieux poster avec un gros champignon au centre.

Le poster est en noir et blanc. La scène se passe dans un désert, un océan de sable brun avec une oasis que l'on peut voir au loin. Il n'y a pas âme qui vive dans ce désert, à part un dromadaire qui est figé près d'un point d'eau. Le texte sur le poster est en arabe, je ne peux pas le lire. Sur l'autre mur se trouve une autre image, cette fois une scène dans le futur.

Le ciel n'est pas comme le nôtre, il est violet, avec trois lunes. Un extraterrestre est assis sur le sol.

Il est de dos, mais je peux voir ses grands yeux noirs de profil. Ce dessin n'est pas à mon goût.

On dirait un de ces posters pas chers pour fans de Star Wars, ou ce type de film. Un client lâche sa fourchette, elle tinte sur la table en face de moi. Je vais au bar pour payer. Si son train est à l'heure, Anne sera là dans peu de temps et je dois aller à la gare. Le thé que j'ai pris est hors de prix ; la note que je reçois a un gribouillage dans le coin. Je paie et je pars sans tarder. Dans la gare, tout le monde est pressé. Je fends la foule pour aller sur le bon quai.

Le toit de la gare n'est pas fermé et je peux voir un hélicoptère passer au-dessus de moi. Il va vers la côte et vole assez bas.

Pas si fort que ça. La fin est là, et je suis le seul à le savoir. Ça n'est pas très grave. Je ne leur dis rien et les laisse faire, non sans regret. Bien sûr, je veux en parler avec mon père. Lui au moins a ce qu'il faut pour faire face au kidnapping. Ce n'est pas le cas de tout le monde. Quoi qu'il en soit, ce n'est pas à moi de leur dire d'aller dans un sens ou dans l'autre.

Avec la porte fermée, le bruit cesse et je peux enfin dormir. Dans mon rêve, je suis dans un labyrinthe.

Je sais qu'il n'y a pas de sortie. Alors je vais au hasard, pas à pas. La seule chance de sortir d'ici est de faire le mur.

Ou alors, de voler hors de ce piège. C'est un rêve, donc il me suffit de penser à une montgolfière pour qu'elle soit là et que je puisse partir. Je vole très haut, dans les nuages, mais le son de la ville est là, comme si j'étais en bas. Le rêve change, et cette fois je suis chez moi, à côté de mon lit. Je rêve, mais mes yeux ne sont pas fermés, tel un noctambule. Je me vois rêver dans mon rêve. C'est idiot et ça me fait un peu peur en même temps.

Il y a un écran devant moi, sur lequel une ombre court en rond sur une piste rouge. On dirait les Jeux Olympiques de Berlin en 1936. La course n'en finit pas, puis l'image s'en va.

Imprimé en France
N° d'édition : 12239 - N° d'impression : 58187
ISBN : 2-246-61501-1